U0120299

误 配

包容如何改变设计

[美]凯特·霍姆斯 著　何盈 译

Mismatch :
How Inclusion Shapes Design

Kat Holmes

写在《合流：科技与艺术未来丛书》之前

自文艺复兴以来，艺术、技术和科学便已分道扬镳，但如今它们又显出了破镜重圆之势。

我们的世界正日渐地错综复杂，能源危机、传染病流行、贫富差距、种族差异、可持续发展……面对复杂性问题，寻求应对之道要求我们拓宽思路，将不同领域融会贯通。通常，我们的文化不提供跨领域的训练，要在这种复杂性中游刃有余地成长，新一代的创造者们亟需某种新思维的指引。

我们将这种思考方式称作"合一思维"（Nexus thinking），即我们这套丛书所提出的"合流"；而具有这种思维的人便是"合一思维者"（Nexus thinker），或曰"全脑思考者"（whole-brain thinker）。

传统意义上，人们习惯于将人类思维模式一分为二。其一，是有法可循、强调因果的收敛思维。这种思维常与科学联系在一起。其二，则是天马行空、突出类比的发散思维。这种思维往往与艺术密不可分。整体思维的构建始于人类三大创造性领域——艺术、技术与科学之间边界的模糊。三者交相融汇于一个名为"合一境"（Nexus）的全新思维场域。在这个场域里，迥异的范畴之间不仅互相联系，还能彼此有机地综合在一起。界限消失以后，整体便大于部分之和，各种全新的事物也将随之涌现。

合一思考者们能看清复杂的趋势，得心应手地游走于各领域的分野之间。他们将成为未来世界的创新先驱，并引领团队在创新组织的成员之间实现平衡。

站在科技与艺术的交叉点，我们旨在给读者提供一间课堂，将融合艺术、科技等学科的前沿读物介绍给广大读者：数据与视觉艺术，信息与自然科学，游戏与人类学，计算机与沟通艺术……我们希望能够启发读者，让你们自发地培养出一种综合而全面的视野，以及一种由"合一思维"加持的思考哲学。

我们并不会自欺欺人地拿出直接解决当下问题的答案，那些期待着现成解决之道的读者一定会失望。在我们眼里，本套丛书更多的是一份指南。它指引着个人与团队——创造者们和各类团体——穿行于看似毫不相干的不同领域之间。我们将教会读者如何理解、抵达并利用好综合思维的场域，以及如何组建一个能善用理论工具的团队，从而游走于复杂环境之中，达到真正的创新。

正所谓，"海以合流为大，君子以博识为弘。"

后浪出版公司

2022 年 12 月

写给斯嘉丽、索菲亚和唐家，就是在一起的我们。

前　言

2000 年初，我开始写关于设计的博客。当时大家还在用 DVD 机，iPhone 还没问世，"云"的概念刚出现在用户体验领域中，人们初尝科技带来的欢愉和不快。在这种技术的交替期，我们需要一种连接"产品制造"和"产品设计"的方法。这就是我写《简单法则》(*The Laws of Simplicity*) 的原因。

所幸我关注这个话题的时间够早，当时很多问题都还无解。所以在过去几年里，我积极地从各种新概念中寻找答案，思考未来的设计会是怎样的。一次偶然搜索中，我发现了凯特·霍姆斯 (Kat Holmes) 的包容性设计。当时她还在微软就职，老实说，那时的人们提起设计的未来，第一个想到的绝不会是微软。但从那时起，我认为这也许就是未来。

作为风险投资公司凯鹏华盈 (Kleiner Perkins) 的合伙人，我在硅谷呆过一段时间，和数百家科技初创企业合作过。我立刻意识到凯特提出了一种处理真正重要问题的方法。包容性设计，正是那些每天被数以百万计用户使用着的科技产品缺少的精髓，这最终导致硅谷科技公司创造的产品与人们的真正需求根本就不匹配（即"误配"）。我坚信，她掌握着科技产品制造中造成一系列偏见的关键：误以为"我们"就能代表全体用户。于是，我给她发了封邮件寻求合作，很快就得到了回复。

凯特在正确的时间给我们带来了关于设计的正确概念。她的回信一点都不简单，她迫使我们重新思考复杂性的意义。在凯特看来，如果我们不理解为何及如何制造产品的复杂性，简化也基本上无从可谈。相信你还记得《简单法则》的第五条：

简单和复杂相辅相成。

如果今天不去理解当下设计的复杂性，我们未来就无法对设计进行简化。如果不了解设计背后的复杂性，我们将只会制造出更多误配，只能为和自己一样的人创造单调的体验。

我们需要明白，日常使用的产品都是由谁制造的，因为这直接影响制造出来的是什么。这是凯特带领我们讨论的中心问题。关于如何把这个新方法融入产品制造的过程中，她给我们提出了实际可行的理论建议，这对于如何引导每个产品制造者都至关重要。

正如凯特所说，"不论好坏，那些设计社会接触点的人定义了谁可以参与社会，谁被排斥在外，这在很多时候都是无意识的"。

以及，"如果设计是误配和排斥的根源，那么设计可以成为解药吗？答案是肯定的，但需要付出很多额外努力"。

希望一切顺利，我也正在为此奋斗。

前田约翰

2018 年 3 月于马萨诸塞州

目　录

第一章

初识包容

误配让我们觉得自己格格不入

还记得小时候喜欢去哪儿玩吗？是家附近的老树旁？还是电子游戏的新世界？或者像我一样，给自己堆一个积木城堡？

最近，我一直在提起各种游乐场，提起我滑过的滑梯和荡过的秋千。我常听别人说起小时候玩耍的故事，渐渐开始好奇无法参与集体游戏的到底是哪些人。像我这种从事科技产品设计的人会花时间思考这种问题，听起来有点奇怪。但我发现，这些思考对设计师而言极其重要——因为包容性设计，往往就从设计师意识到它的排斥性开始。

游乐场就是一个很好的例子。我们不妨回忆一下游戏场地里那些让你印象深刻的片段，那些你一个人也能玩得开心的场景，那些跟小伙伴们追逐打闹的时光。是什么让游乐场这个空间具有了包容性，让大家都乐在其中呢？

也许有这么一瞬间，你感觉格格不入，是那个难用得让人耿耿于怀的游戏设施？还是大家的排挤？到底是什么让这些空间变得具有排斥性？

实际上，我们身边的人、事、物时刻都在影响着我们的参与力。上文提到的游乐场只是其中一个例子，更多的影响已在不知不觉中渗透到了社会各个层面。我们居住的城市、工作场所、使用的技术，甚至彼此间的互动，都是我们连接这个世界的触点。

说到连接，就不得不提交互。生活中，有些交互很简单，有些却很困难。面对难以交互的事物，很多人会试着改变自己去适应它。但有些事物，无论从心理还是生理层面上，都无法找到与之匹配的交互方式。

这样的例子比比皆是。这就是小孩需要爬到台面上才够得着洗手盆，以及每次更新软件后，用户都要通过搜索教程才知道如何使用新功能的原因。每一个曾试着用一份看不懂的外语菜单点餐的人，都和"误配"打过交道。

这正是误配的力量。它只让一部分人获得社会资源，而非所有人。

误配是阻止我们与世界交互的最大障碍，是社会规划的副作用。

"排斥"是由一个个"误配"累积而成的。它就像不按预期运行的电子产品，或者那扇挂着"禁止入内"的门。两者都让人沮丧。

　　本书中，我们将深入探讨包容性设计将如何成为科技创新和发展的源动力。它能成为经济增长的催化剂。而我们将面对的核心挑战是：在数字科技领域中，到底是否存在一种设计方案能满足所有人的需求？

图 1-1
人与人之间的交互虽也存在许多不匹配的地方，但人们能够通过努力适应
去维护彼此间的联系

　　我一直提倡把包容放到设计方法中，我称它为包容性设计。一开始，我以为大家都存在一个共识：包容总是好的，人们就会习惯性地优先考虑它。然而，我逐渐发现事实并非如此。这是为

什么呢？

　　首先，在实现包容性设计的过程中我们会遇到许多挑战，其中最棘手的就是同情和怜悯。人们总把包容视为一种仁慈的使命，实际上却起了反作用，让人与人之间更疏离。其次，盲目地推崇包容性设计的正面价值，即"任何具有包容性的东西就是对的，我们应该不假思索地实现它"，无形中成了包容性发展的最大阻力。再者，包容性也常常被归纳成有"让人感觉良好"的作用，这也在一定程度上瓦解了它本身的意义。

　　综上，我们计划把包容性设计的假设放到现实生活中测试，进一步探讨为什么社会一直以来都推崇排斥性而非包容性，以及我们如何能打破这种循环。

因设计不当产生的误配

　　被设计拒绝是怎样一种体验？一扇打不开的门，没覆盖到家的公交系统，左撇子用不了的鼠标，只支持英语、只接受信用卡、要求顾客视力满分的超市自助支付系统……这些都是拒人千里的设计。

　　被设计拒绝时，我们难免疑惑：社会中的归属感到底从何而来？我不禁想起游乐场，想起我们每天使用的操作系统，底特律的公共住房规划，甚至虚拟游戏。

当被问起包容意味着什么时，每个人的回答都不尽相同。但提起"排斥"，大家的反应却异常地相似：没有被别人考虑到的感受。

试想一下在操场上爬来爬去的小孩。在楼梯、坡道、绳索、巨石或树上，孩子们爬的方式有什么不同？再试想一下，是谁设计了游乐场？又是谁设定了玩法？通过以上思考我们可以看出，游乐场设计师们都很在意空间的包容性，为各种活动场景都设计出专属的玩乐方式。

就在一个多云的早晨，我们前往旧金山采访苏珊·戈尔茨曼（Susan Goltsman），她带我们穿过她设计的公园。一路上，她给我们讲解在设计公园时哪些地方运用了包容性设计。例如，她设计了一条坡道，让人可以慢悠悠地走向观景点最高处。另外，她在公园里放置了一种名叫加麦兰的印尼乐器，这种乐器对演奏者的技术没有要求，不管是谁，都能用它奏出悦耳的声音。

我们可以看到，不同年龄段的小朋友在公园里玩耍、嬉闹，笑声不断。这时，她站在沙池中的一只巨型海龟雕塑旁，向我们道出设计过程中最重要的部分：

> 我们曾经跟很多患有不同类型残障的儿童聊天，发现孩子们的残疾程度越严重，他们玩耍的方式就越依赖想象力。那些几乎不能动的孩子把自己想象成正在奔跑嬉闹的小朋友中的一员，从中得到快乐。正因如此，"参与游戏"这个简

单概念对不同人来说其实有着非常不同的含义。

苏珊是设计公司 Moore, Iacofano, Goltsman 的创始人，她的影响力远不止设计出一个具包容性的儿童游乐场。作为包容性设计的早期开拓者之一，她设立的规范与准则正影响着北美许多主要城市的规划。[1]

一个具有包容性的环境设计需要考虑的地方远不止于门、椅子和斜坡的形状，它更应该考虑设计对人们的心理和情感带来的影响。我在与苏珊的合作中了解到，这些关于游乐场设计的思考其实也可以延伸到人类所有的生活场所，当然也包括现在的虚拟世界。

回想小时候，我们通过询问"我可以和你一起玩吗？"来试探别人对自己的接受程度。答案有时令人振奋，有时令人心酸。长大后，我们逐渐学会更巧妙地提出问题，或者干脆放弃提问。有时候，我们甚至采取更极端的方式来证明自己，即使遭到拒绝也要强行参与。

生活中"被包容"和"被排斥"的体验塑造了我们人格中的核心元素。我们在哪里获得归属感，在哪里感到自己是局外人，都是塑造价值观并决定我们在什么领域有所建树的关键因素。被排斥，以及随之出现的社交性拒绝，都很常见。个中辛酸，相信大家都深有体会。

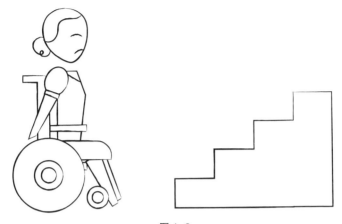

图 1-2
误配发生在（现实或虚拟的）事物无法满足人的需求时，
人们往往通过勉强自己去适应它

无论好坏，设计了社会接触点的那些人决定了谁可以参与，谁会被淘汰。不知不觉间，这种排斥的循环逐渐渗透我们的社会，既阻碍了经济增长，又破坏了商业发展，损害着个人与集体的利益。设计塑造了我们进入、参与、贡献社会的能力。

如果设计是误配与排斥的根源，那它是否也可以作为一种补救措施？答案是肯定的，但需要付出很多努力。

我们需要拓宽设计与设计师的定义，需要验证我们对自己的假设，需要认真思考每个设计到底把哪些人排斥在外，需要让真实反馈参与到设计决策中。

最重要的是，我们必须承认自己对包容性设计的了解远远不够。关于包容性设计该如何融入生活各方面，没人敢称自己对此了如指掌。我们天生对排斥更敏感，我将在下文详细说明。只有认清这一点，我们才能找到更好的方法来改变现状。

恐惧与机会

越来越多人把包容视为公司、团队和产品的积极目标，可是迈出实现目标的第一步并不容易。与任何专业知识一样，包容性设计是一项熟能生巧的技能。

在生活中，我们如何学习包容性设计呢？我接受过的工程师、设计师和公民教育中，并没有正式出现过任何关于包容或排斥的课程。而在学习创造新技术的过程中，可达性设计、社会学、公民权利等内容都不是必修课。

作为一名科技从业者，我发现关于"如何在数字产品中实现包容性设计"的例子其实很罕见。大多数现有例子只是针对缘石坡道或厨房用具的设计。我们至今还不清楚该如何把类似观念推广到数字产品的设计中。在寻找指引的过程中，我发现很多人都有同样的疑问：我们该从何下手？

如今，我对这个问题的想法依旧。我们对包容存在许多误解，正确地了解它相当重要。研究包容时，你也许会因碰到以下三种情况而感到恐惧，这很正常。这些恐惧将带你深入了解包容性设计。

1. 包容不等于友好

关于包容，最常见的恐惧之一就是说错话。很多团队领导者为了避免让事情变得难看或者不想得罪别人，往往选择避开相关话题。没有一本专门解释"包容"的辞典。一直以来，"包容"都存在很多不同解释，却很少有人明确给出关于"包容"真正含义的指引。

人们很容易相信表面上友好的话语背后的动机也是友善的。然而，某些人或公司在言语上宣传自己具有包容性，在行动时却并非如此；相反，有些人做到了，却因为不懂得用合适的话术来包装自己而遭到谩骂。当这两种人相遇时会发生什么？可想而知：在不同语言或文化背景的社会里，说到却做不到的人，会排斥那些做到却不擅长表达自己的人。这种情况比比皆是，难道不讽刺吗？

话说回来，人们往往能够相当准确地表达讨厌的事情，因为这些话可以反映他们的真实动机，最常见的是落井下石，用伤人的话来攻击本来就遭到排斥的人。本书不详述这种危险的行为，我们更关注新出现的排斥行为和由被忽视的惯性排斥引发的排斥行为。

包容不等于友好。这是对现状的挑战，过程必然充满荆棘。我们可以先从关于包容的词汇开始，逐步明确它的含义和我们如此重视包容性的原因。在理解的基础上，通过教育提高意识，为包容性设计创造更好的资源。实现包容性设计最大胆的方法，就是提问和倾听。

另外，用词对包容性设计的发展至关重要，它在很大程度上会影响包容性发展的进度。如果没有通用词汇，团队就难以产生实质性成果。在讨论过程中，如果个人的偏见与痛苦占主导地位，话题往往很容易被引导至情绪化的一面。所以，要为包容性设计创造一个良好的理解环境，就要从平常描述包容的常用词汇开始。有时候我们难免使用伤人的话。最重要的是我们下一步要做什么。

2. 包容是不完美的

第二种情况是担心引入包容性设计会把原来的事情搞砸。因为刚开始尝试实现包容性时，你会发现在任何情况下适用于所有人的设计几乎是不存在的。设计师们普遍担心的是他们必须创造一个"最低限度"的设计，试图取悦这个限度之上的所有人，可这对任何人都没有好处。

潜在的挑战源于人类的多样性，而人类的多样性必然带来巨大的复杂性。当我们为人类设计时，存在着无数细微差别和需要考虑的因素。没有哪一种设计能满足所有人的需求。可达性设计通常针对某一群人，而非所有人。比如一个专门为轮椅人士设计的厕所，对约 1 米高的人终究是不合适的。

包容是不完美的，我们需要保持谦虚。这是一个让我们充满好奇心，带着学习的渴望去面对挑战的机会。它教会我们使用新的方法，根据人们的需求来调整设计，虽然这可能与设计师们熟悉的工作方式不同。在本书中，我们将寻求普适线索来引导大家为人类多样性设计。

3. 包容：正在进行时

第三种恐惧来自研究的稀缺性。当下，我们很难迅速征集到足够的人、金钱和时间，从根本上改变包容性设计的现状。在很多以业绩增长为导向的公司里，包容性设计的发展持续受到来自业绩压力的影响，一再被拖延。在商业博弈中，准确地权衡长远利弊从来都不是易事。

这导致实现包容性设计变得遥遥无期。和牙齿护理一样，这是没有终点的旅程。无论你今天把牙刷得多么干净，明天还得接着刷，并且随着时间推移，它们需要更多护理。因此，我们在提出一个具有包容性的解决方案时，要做好心理准备：这个方案从着手设计到后续维护，都需要我们的高度关注。

与此同时，我们会体验到约束的美感，从中学习如何为设计方案设立更优秀的界限，当中包括我们从未考虑过的盲点。如果我们习惯于把这种思考模式放进日常的工作过程（设计新的解决方案）中，那么包容性设计的技能就能常伴我们左右。

慢慢地，大家培养出发展包容性设计的意识，并为其找到更合理的解释。其实，这也是本书的目的。在写作过程中，我经常提醒自己：世上没有人知道所有的答案。站在读者的角度，我希望你也能记住这一点。

包容确实是一种难以捉摸的存在，连我都经常怀疑自己能否在现实生活中实现包容性设计。相反，排斥很容易被识别出来。这是因为排斥性设计可被测量，它是有形的存在。人们遭到排斥时，往往能够很明确地感知这种体验在情感和功能上对人造成的影响。

也许，我们能做的就是认识并尽可能地纠正现实中摸得着的不舒适。排斥的具象本质为我们提供了可循的踪迹。伴随着恐惧和不完美，排斥是我们探索包容性设计的起点。

为什么是你？为什么是现在？

本书没有强调我们每个人都得时刻谨遵包容的原则。但在设计过程中，我们应该把包容作为一种有意识的选择，而不是让用户承担被无意伤害的风险。在发布设计方案之前，我们能否及时理解可能带来的排斥，提供更好的解决方案？

并不是说排斥性设计本质上就不好，或者包容性设计就是好的。对一个制定了宪法、承诺平等权利和机会的社会而言，有碍平等的排斥性会导致很多问题。简单地说，对有资本主义动机的群体而言，排斥性设计很大程度上会阻碍业务的增长。对很多想方设法创造优秀解决方案的设计师和技术专家而言，排斥的存在将导致许多用户在使用设计时感到沮丧。

在数字时代，排斥性设计的影响被进一步放大。因为技术渗透到我们所有的公共和私人领域里。现在的营销人员、工程师或设计师们设计的解决方案，将会被数百万甚至数十亿人使用。当我们身处这种规模的语境下，一个小小的排斥性设计将产生巨大的负面影响。相反，一个小小的包容性设计将使很多人受益。

在接下来的章节，我们将主要探讨四个实施包容性设计的商业理由，在第八章会逐一说明每一点：

- 增强用户的参与度和贡献度。
- 扩大用户群。
- 刺激创新和差异化。
- 避免因将来需要重新引入包容性设计而产生的高成本。

另一方面，包容也会产生具体的社会效益。当我们开始修正某个排斥性设计时，我们也在制造让更多人通过有意义的方式为社会做贡献的机会。简而言之，这将改变以往"谁有权参与构建世界"的游戏规则。

为人类的多样性设计，这可能是我们共同创造未来的关键。我们需要多种多样的人才参与，共同应对 21 世纪面临的挑战：气候变化、城市化、大规模移民、寿命延长、人口老龄化、幼儿发展、社会隔离、教育，以及如何在经济差距日益扩大的同时照顾我们当中最脆弱的人。因此，你永远也不会猜到是谁会在何时何地创造一个伟大的解决方案。

现实生活中已有很多包容性设计在悄然发挥作用，它们都是衡量包容性结果的早期例子。创造出包容性设计方案的人都有一些共同点。现在我们总结为以下三个包容性设计原则，这些原则将在接下来的章节中再次出现。

能识别排斥性的存在

向人类多样性学习

从解决一个小问题出发，扩展到解决大规模发生的问题

图 1-3

- 能识别排斥性的存在。当我们带着偏见来解决问题时，排斥现象就会出现。
- 向人类多样性学习。人类是适应多样性的真正专家。
- 从解决一个小问题出发，扩展到解决大规模发生的问题。专注于对全体人类都很重要的问题。

这些原则来自包容性设计的先驱、创新成功的案例和数千小时的产品开发过程。包容是一个动词，这些原则也是由行为驱动的。

在商业与技术方面，我们经常请教不同领域的先驱，学习他

们在新专业领域的成功经验。我经常被问到：哪些公司才是包容性设计的佼佼者？关于这个问题存在很多争议，我们也许看到很多"领先"的公司实际上仅仅处于谈论包容性设计的初级阶段，而大多数公司仍处于忙着改善遗留问题的更早期阶段，根本无暇顾及包容。在包容性设计方面，公司和它们的领导都可以从某个实践包容的个体身上获得很多经验。他不一定是知名公司的高管，也不一定是经常出现在行业杂志封面的面孔，更不一定是社交媒体上拥有最多粉丝的人。

恰恰是从生活中被不同程度的排斥性设计困扰的人身上，我们可以学到最多。

因为他们经历过无数被排斥的体验，这意味着他们可以在任何环境里敏锐观察到排斥性问题的存在，他们会更希望问题得到解决。本书讲述的，正是那些通过设计把专业知识转化为真实行动的领导者。他们也许不能回答所有问题，但重要的是他们时刻都在寻找更好的方案，试图去解决问题。他们正在努力克服困难，用新的角度开辟新路径，让我们所有人从中受益。

考虑到这一点，我选择了一些先驱者的故事，他们为了解决困扰自己的排斥性问题投身到包容性设计的大家庭。当他们乃至更多拥有类似专业经历的领导者出现在社会最显眼的位置上时，我们就能从他们的设计里学到更多。在那之前，我鼓励大家寻找并发现那些被排斥在外的领导者。

我常遇到新朋友、新故事和新工具，他们都致力于促进包容的发展。我将相关资料收集在 www.mismatch.design，它们是本书的重要信息来源。我期待与大家分享，也欢迎你一起参与收集。

不管你选择本书的目的是什么，我都感谢你的阅读。你为建设一个更具包容性的世界做出的贡献，将远超你的想象。你会发现新方法来认识和解决周围的误配。在不久的将来，你会惊讶于越来越多意想不到的人受益于你的贡献。

欢迎加入包容的大家庭。

小结：误配让我们显得格格不入

➢ 包容意味着挑战现状，争取来之不易的胜利。

➢ 人们跟社会之间存在诸多误配的交互体验。设计是误配的根源，同时也能成为一种补救措施。

➢ 包容正在发展中，它不完美，也不友好。

➢ 排斥性设计并非本质上就是负面的，但它应该是一个有意识的选择，而不应成为设计上的疏忽，对人们造成不必要的伤害。

第二章

圈内，还是圈外？

我们常玩的游戏

想象某天你回到公司，忽然发现一条新规则，也许是首席执行官寄给你的，也许印在咖啡机旁的公告上：

> 不能对任何人说"不"，立即生效。这意味着只要有人想加入你的项目，你就得无条件答应，并且你得保证无论如何项目都能顺利进展。

对此，你会作何感想？虽然不同的人也许反应各异，但我敢说，大部分成年人的第一反应都和小孩一样：愤怒、抵触，甚至想哭。

薇薇安·古辛·佩利（Vivian Gussin Paley）曾经在她的书《你不能说你不能玩》（*You Can't Say You Can't Play*）中，描述了

她在幼儿园向全班同学提出这条新规则后发生的事情。

实施规则之前，她和学生们尽可能想象后果。有的小朋友很害怕，有的却很兴奋。害怕的小孩担心太多人参与游戏会破坏游戏本身的乐趣，或者担心不受欢迎的小孩会硬闯入他们的游戏。而那些经常被排除在外的小孩却感到很兴奋，因为新规则给他们提供了保护，让他们有机会参与游戏。

佩利在教过无数学生后受到启发，决定引入这条规则。每年每个班上总有几个孩子受到大家的排斥，有时还会遭到欺负。这些孩子长大后，都认为被排斥的时光是他们求学过程中最难熬的日子。佩利之所以引入这条规则，就是为了研究这种现象背后的原因，寻找改变这种现象的方法。佩利写道：

> 排斥是游戏设计中必不可少的一环。正如我们所知，儿童游戏很快会成为生活的游戏。而我教过的孩子们刚从私人视角的深井中浮上来 —— 婴儿时代和家庭。
>
> 他们从封闭的家庭来到学校，这是他们第一次真正接触公共领域。在这个属于所有人的空间里，孩子们需要与其他同学分享老师和教育资源。
>
> 平等参与的权利是大多数课堂教育的基础，而在孩子们眼中游戏时间不一样，因为那是属于自己的"私人时间"。事实上，游戏中的自由组队、伙伴关系和团队合作对任何孩子来说都非常重要。[1]

在佩利的幼儿园教室例子中，我们可以看出为什么排斥在许多共享环境中占主导地位。孩子们不加掩饰的真实让我们清楚地看到排斥持续存在的原因和它演变的过程。而语言，是这一切的根源。

圈　子

在许多文化中，都存在表达"排斥"和"包容"的词语，它们都有独特的来源和准确的定义。在本书中，让我们来看看 include 和 exclude 表达了什么意思。这两个英语单词都源自拉丁语词根 *claudere*，意思是"关闭，封闭"。它既表达了实际的封闭，同时也表达了一种分离、隔绝、排除的心理暗示。它最常见的视觉表达形式是一个闭合的环形圈。

现代社会用"包容"和"排斥"来区分日常生活的方方面面。随着时间的推移，这种思考方式会被应用到新领域。我们用性别、肤色、能力、语言、宗教和其他人类差异来区分不同类别的人，并保障某类人群的权力。

很多使用这些语言的社会也顺理成章地继承了这些词语代表的封闭的排斥模式。

人们对包容的理解参差不同，理解如何构建包容也远非不言自明。当公司谈到自己拥有"包容性文化"时，它们不大可能希望把所有人都关在圈内。包容通常旨在表达与公平、同理心、访

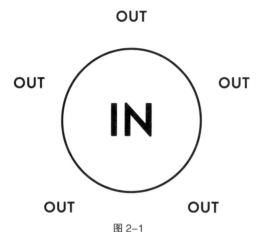

图 2-1

圈内圈外的排斥模式已经存在了好几个世纪，它导致我们
对"包容"存在一种固定的思考方式

问权或归属感更密切相关的东西。不知为何，这个词竟被默认为宽泛的好意。如果我们连"包容到底是什么"都无法回答，那么"共建包容"又该从何谈起？

在圈内圈外模式里，包容的目标是什么？是让圈内人大方接纳圈外人吗？

圈外人是否想过闯入圈内呢？我们的目标是彻底消除这个圈，让所有人以一种乌托邦式的方式自由融合在一起吗？如何定义"排斥"，将主导我们如何设计解决方案。

圈内是我们想要保护的东西（通常指权力和财产）、我们的朋友，以及那些对我们的生存和成功至关重要的资源。当我们还是孩子时，为了保护这些东西，我们会说：

"这个游戏已经满员了。"

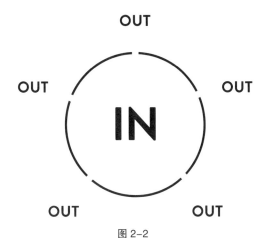

图 2-2

在圈内圈外模式里，如何让圈内外具有"包容性"成了一个难题

"游戏已经开始了，我们不能为你停下来。"

"你没有这个游戏需要的玩具，不能跟我们一起玩。"

然而，自从有了"不能说不"的新规则，佩利的学生们以一种利益冲突最小化的方式去适应新的游戏规则。这种改变对其中一小部分孩子来说是困难的，因为他们习惯了发起游戏、制定规则、当领头羊。

反之，那些经常被排斥在外的小孩不再被孤立。他们看待自己的方式和他们对课堂的贡献都发生了积极的变化。我们将在下一章探讨这种变化，我们还将探讨"社交排斥"的心理效应，比如生理疼痛和抑郁。

然而，最微妙和最广泛的好处，是教室里的每个孩子都找到了新朋友，游戏也变得有趣多了。

当孩子们不再相互排斥时，他们就学会了如何适应游戏。他们调整了自己在游戏中的角色，尝试了不同的身份。那个一直扮演坏人的小孩现在可能是软弱的婴儿。原来的英雄现在可能是坏人，父亲也可能是母亲。尽管孩子们最初有很多顾虑，但他们依然玩得很开心。

这些顾虑在成人生活中也存在。在改善产品、工作和公共环境的包容性时，我们也面临同样的顾虑。佩利的课堂实验表明，排斥并非基于一个固定不变的循环。

这个循环是我们自己造成的。

为改变而生的框架

与佩利教室的例子不一样的是，不常有某个更高权力给我们设定规则、限制我们的行为。其实，我们每个人都拥有创造或打破包容的力量。但是，不是每个人都能时刻意识到我们拥有这种能力，以及我们该如何运用它。

我们每个人都知道被排斥的感觉，有时候也能意识到对他人的排斥行为。不过，我们很难预料人们会在何时何地以何种方式被排斥。

这就是包容与设计必须相辅相成的原因。

每个设计都有意图。设计是为了达成某个目标。设计在本质上要求我们思考人们可能会如何使用某种解决方案。只有当设计的受众认可它能成功解决问题时，它才算一个成功的设计。

包容性是设计的补充，它把解决方案与人的需求相结合。维克多·皮涅达（Victor Pineda）博士是无障碍城市设计的领袖，也是智慧城市计划的联合创始人，他这样形容包容性设计：

> 包容性设计让你与完全不同的人打交道，它扩展了人们对可能性的想象。它的扩散效应在某种意义上改变了这些人，进而改变了整个社会。
>
> 因为设计师考虑了更广泛的人群，这一改变将为社会打开一扇门，让人们看到那些曾经被忽略的人。[2]

这都是皮涅达博士的经验之谈，他也许是你见过的旅行最频繁的人之一，去过70多个国家。作为一位轮椅使用者，他对公共空间的导航障碍深有体会。为了方便出行，他自备了从个人助理到辅助技术的一系列应对策略，这对他的每次旅行都至关重要。

小到每个设计产品，大到城市政策，他对如何组合这些相关元素，用它们来创造或消除各种障碍，以及这一过程中可能发生的事情都了如指掌：

> 设计师们，无论是设计学校，还是设计软件，你们都掌握着释放人类潜力的钥匙。因为我想尽我一切努力回馈社

会。你可以做到这一点。你能改变游戏的规则，让这个游戏包容我，也包容我的才华。[3]

是什么让排斥行为变成恶性循环？一直以来有这样一个概念："我们创造工具，这些工具反过来塑造我们的行为。"[4] 我们生产的东西对社会有影响，而社会反过来产生一系列需要我们解决的问题。如果一个设计只针对特定人群，其他人就被排除在外。他们无法使用这一设计，无法发挥自己的智慧和独创性。我们为人们创造新途径，让社会中的每个人都能贡献自己的才能，这些贡献才能反过来影响每一个人。

排斥的周期性还有一个原因：它随着我们的选择而更新。例如，改变网站颜色看上去只是一个小调整，但这个改动也许会让色盲患者中 8% 的男性和 0.4% 的女性无法正常使用网站。[5] 这个循环总在动态改变，随着每一个设计调整而变化。

我们将利用一个循环框架来衡量设计中误配的程度，以及如何让误配转变为包容性设计。这个循环中有五个互联元素。

- 为什么需要做。我们将关注解决问题者的内在动机。
- 谁是解决问题的人。问题解决者，指对解决方案的成败负责的人。
- 如何解决问题。关注问题解决过程中使用的方法和资源。
- 谁是受众。指问题解决者对那些即将与方案进行交互、接受解决方案或从解决方案中获益的用户的假设。

· 我们创造了什么。指被创造的解决方案本身。

也许，你会注意到这五点并不包括"我们何时解决问题"。因为在开发过程中，任何时候都有可能出现排斥现象。相反，改变排斥最好从现在开始。尽早把包容放在第一位，从一开始就建立包容性的解决方案，这是最有效、通常也是成本最低的方法。

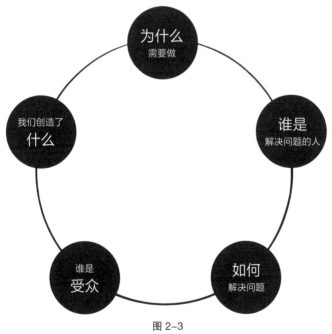

图 2-3
排斥循环框架的五个基本元素

设计很少从零开始，也不会墨守成规。如果只想在设计过程的早期阶段把包容性拿出来单独考虑，我们恐怕永远不会真正实现包容性设计。所以，讨论何时进行包容性设计其实并不重要，开始的最佳时机就是现在。

在第八章，我们将更深入地研究包容性设计的案例。其中一些是对现有的解决方案的改进，另一些则是在项目初期或产品研发的早期阶段就已经应用的包容性设计，这表明我们不需要通过推倒现有方案来实现包容性设计。排斥的循环是普遍且持续存在的。同样，要转向包容性设计，意味着我们需要在开发过程的所有阶段发现和解决误配现象。

作为个人或某个小团队的一员，你可能对这个循环中的所有元素都有高度的控制权。通过实践，你可以学会按照自己的节奏来认识和处理排斥问题。

稍大规模的组织通常很难协调这一过程中的各个元素。有时两个元素就像完全隔离的两个独立个体，我们无法通过只改善其中之一就促进整体的包容效果，若只在其中一个元素上应用包容性设计，反而有可能加剧整体的不协调。

每个人通常只关注与自己的专业技能相关的某一个因素。工程师可能只关心他们研发的产品的可达性问题，人力资源领域的领导可能只关注实际的招聘过程，信息技术专员可能只关注如何让不同母语的团队成员更高效地沟通。

然而，包容的每个元素成功与否，都和其他元素息息相关。

雇用一名母语为汉语普通话的工程师，却要求他只能使用英语工具，可能会阻碍他充分发挥自己的潜力。如果一个团队的所有成员都有完好的视力，他们可能从未考虑过视力受损的人如何使用一部相机的触摸屏。

无论是由于缺乏意识、独断专横，还是单纯的忽视，如果组织对当下的排斥文化持续运作的原因没有充分的了解，那么他们就很难推动包容的发展。因此，大多数组织的默认状态仍然以排斥为主导。

想要改变这种循环，不仅依靠发起者的号召，还需要所有参与者的共同努力。

小结：共同的游戏

➢ 圈内圈外的包容模式会让排斥看起来像一种不变的状态，而不是随着选择不同而变化。

➢ 把排斥定义为一个循环，这将有助于我们认识到误配可能因设计而产生。

➢ 排斥循环的五要素是互联的，每一个都是转向包容的良好开端。

第三章

排斥循环

为什么该戒掉惯性思维？

一间公共厕所和一部智能手机的设计存在哪些共同点？从包容性设计的角度来看，它们是相似的。让我们通过排斥循环来分析它们的设计过程到底有多相似。

公共厕所就是鲜活的排斥案例。无障碍厕所通常指符合无障碍建筑基本标准的公厕。为轮椅用户提供无障碍通道至关重要，甚至在某些国家，这是法律规定建筑物必须具备的。然而，现实生活中的公厕是否达到了"无障碍"的标准？下次去公厕时，你可以花点时间思考人们究竟能如何使用它们。

举一个尴尬的例子：最近有一种马桶在市面上越来越流行，冲水只能通过挥手激活马桶背后的感应器。这项未来主义的发明通常搭配一个友好的挥手图标，以提示如何激活冲水功能。

在真实的使用过程中，小图标很难被发现，旁边没有设置传统的物理按钮来激活冲水系统。甚至，你可能需要到处询问这种马桶应该如何冲水，这是一件相当让人尴尬的事情。

另外，我们还有其他需要考虑的因素，身高 1.2 米以下的人够得着门锁和马桶座吗？如果是身高超过 2 米的人呢？用户需要符合哪些指标才能正常使用特定高度的水槽和特定激活方式的水龙头？自动洗手液的感应器适用于任何肤色的人吗？对各种性别的群体来说，这个空间都是安全的吗？对带着小孩的父母来说，这个空间足够方便吗？对带着行李或脚踝骨折的人来说呢？

以上种种都是一个厕所设计团队必须考虑的问题。如果团队中有人经历过这些不便，那么他们很有可能在这些方面成为专家，能提出更为包容的解决方案。如果一个团队里没有人有过这方面的经验，或者他不是负责设计的一员，那么有排斥性的新方案很可能应运而生。

使用厕所的人往往无法退而求其次或直接走掉。有时候，排斥性设计会给用户带来负担，逼着他们找出适合自己的使用方法。例如，一个只有传感器功能的马桶让用户在马桶周围苦苦找寻可以冲水的把手，甚至让他们去请教别人如何冲水，这都是极其不人性化的体验。

类似公厕这种服务全人类刚需的公共空间，代表的是人类与健康、安全、教育、经济发展、互联网的接入点。为它们设立一套严格的设计标准，让空间中的排斥性降到最低，是非常合理且意义深远的。可是，我们在设计科技产品时，也需要遵循这套逻辑吗？答案是肯定的。

残障，是有关排斥的讨论重点，因为我们每个人早晚都会遇到残障问题。然而，我们常误以为残障只针对很少一部分人，实际上远远不止。

据世界银行统计，全球约有 10 亿人（占世界人口的 15%）患有身体上的残障。[1] 换句话说，目前大约只有 64 亿人的身体暂时是健全的。

随着年龄的增长，我们的身体机能会发生变化，变好或变差，生病或受伤，我们会获得或者失去一些能力。最终，我们都会被那些无法适应身体变化的设计排除在外。我们将在第七章更详细地讨论这种生命的动态，挑战一些早已过时的概念：什么样的人是正常人。

图 3-1
每个人在生命的不同阶段都会得到或者失去一些能力

想想世界上有多少信息需要靠眼睛去获取。大量信息通过电脑屏幕、街道标识和光的各种应用进行传递。图标不仅仅是一个图标，它是一种传递信息的方式。我们每个人不管视力如何，都希望获取这些信息，无论它是一份午餐菜单，还是一张与好友的古怪自拍。

触摸屏正在进入我们的生活环境，自动化正在取代传统的人工。它们成为人们购买生活用品、中转站导航、汽车加油和完成学校作业的关键。然而，触摸屏却无法为那些看不见或摸不到屏幕的人提供服务。

这种排斥影响到许多有视力障碍的人，例如天生的视盲者、色盲色弱者、部分视觉缺失的人，以及光敏感、远视或近视的人。人生在世几十年，每个人或多或少都会面对一定程度的视力损伤。

随着身体的变化，我们会遇到更多不匹配的设计。原因很简单，那些曾经包容我们的设计不会随着我们的变化而变化。误配引起的两大副作用是：1. 被排斥的人逐渐被社会遗忘；2. 被排斥的人会真切地感受到痛苦。让我们来仔细探讨一下这两大副作用。

排斥导致的忽视

排斥在社会群体中不是平均分布的。虽然我们多多少少都在生活中被排斥过，但有些人面对的排斥更多样，持续时间也更长。

一位设计师最近向我坦白，他们的确想要了解更多关于残障的知识，但他们更关心的多样性问题却是性别平等。我很好奇，为什么他们觉得自己必须选择一个关注重点而忽略其他问题呢？

这是另一种误配。我们给人群分类的方式往往不能反映他们的真实情况，因为人的身份是多面的。特别是当我们做设计决策时，人的哪些方面与解决方案的关系最大呢？我们将在第四章探讨这个问题。

根据"女性""残障者""老年人"等过于简化的标签对人进行分类，似乎对商业或设计决策挺有帮助，但这会引起另一个大问题：

我们该如何给各种类别的人排序？有些类别总是没法排上优先级的前列，他们可能总被排在最后，甚至完全被遗忘。

正如佩利在教学中的发现，总有几个孩子年复一年地被其他同学拒之门外。他们被迫接受"自己是班里的陌生人"。[2] 从宏观上看，这种排斥现象可能波及全人类。

残障者就是被排斥的群体之一。社会的排斥对残障者这个群体有着深远的影响，其后果是他们得不到应有的重视。社会对残障的忽视之深，以至于我们误以为这类人根本不存在。

举个简单的例子，学校课程中几乎看不到残障者的权利和历史。工程师和设计师的必修课里也很少看到关于可达性设计的内容。而残障者权利运动及其领袖，也很少与其他民权运动领袖一起被提及。这些忽视会进一步强化我们对残障者这个群体的刻板印象，使他们与社会隔绝。

然而，这些领袖的影响力已经慢慢渗透到了生活中，缘石坡道就是一个典型的例子。缘石坡道指人行道和平地的倾斜过渡部分，它能让使用轮椅的人顺利过马路。

1970 年至 1974 年间，伯克利的电报大道变成了轮椅无障碍通行街道，它也是美国最早应用这种设计的街道之一。这是埃德·罗伯茨（Ed Roberts）和美国独立生活运动领袖发起的变革的高潮之一，他们在加州大学的校园里为残障者的权利奔走倡议。随着时间的推移，这个设计逐渐趋向完善，包括面向盲人的设计调整，让他们可以通过感知地形变化来避免不小心进入车行道。不同的纹理被用作街道不同区域间的过渡，今天很多街道依然沿用了这样的设计，推着婴儿车、拖着行李箱或骑自行车的人都受惠于此。

社会忽视残障者的另一个例子，是残障者的低劳动参与率。2015 年，美国只有 35.2% 的残障者就业。[3] 相比之下，同年无残障者的劳动参与率为 62%。[4] 当然，不同的数据来源会导致统计结果有偏差，但它们都指向同一个事实。

我们与保护残障者权益的平等社会还存在许多显著的差距，设计本身并不能消除这所有的差距。然而，设计师、工程师和商业领袖在做出每个设计决策时，都可以朝着平等的方向考虑。首先，我们可以从了解可达性设计的原则开始。[5]

这些例子反映了排斥如何影响残障者的权利和生活。基于种族、性别、经济地位等因素的排斥，在被社会孤立的人群中也很普遍。

对设计师而言，改变被忽视人群现状的重要方法之一，是听听那些正在被设计方案排斥或者面临被排斥风险的人的看法。通常，背负的被排斥压力最重的人，对如何让设计变得更具包容性有着最好的想法。

令人心碎的设计

假设我们能证明排斥会导致身体上的痛苦，那么为了避免产生这些痛苦，我们应该如何设计教室、工作场所和我们每天接触的技术？

无论学校还是社会都有明文规定禁止对他人造成身体伤害。但对有些人来说，被忽视或伤害却是生活的一部分，他们把这看作社会这个游戏的一环。被社会排斥，被很多人视为生而在世的必修课。

然而，不止一项研究表明：被社会排斥的结果，很可能反映在生理疼痛上。

这与露丝·托马斯-苏（Ruth Thomas-Suh）的电影《拒绝》

（*Reject*）不谋而合。在这部电影中，她描述了一个由研究员和学者组成的团体，他们致力于研究排斥和生理疼痛之间的关系。[6] 所有的研究成果都指向同一个观点：排斥的确会引发生理疼痛。

更具体地说，他们发现人脑中管理"社会排斥带来的痛苦"的区域与管理生理疼痛的区域相近。[7] 换句话说，被社会排斥很可能会直接导致身体上的疼痛，进而影响身体健康。

排斥会带来很多后果：焦虑、不安全感、愤怒、敌意、不满足感、失控感。人们用来描述被社会排斥感觉的词语，甚至也与描述生理疼痛的词语相似：受伤、心碎。

如果我们被一件物品拒绝会是什么感觉？会和被人拒绝一样痛苦吗？

一天下午，吉卜林·威廉姆斯（Kipling Williams）博士正在公园里散步，一只塑料飞碟落在了他的膝盖旁，他捡起来把它扔回给两个正在玩飞碟的人。接着，他们开始向威廉姆斯扔飞碟示意他也一起玩。

玩着玩着，他们突然一句话也不说就停了下来，然后两人继续互相扔飞碟，却再也不把飞碟传给威廉姆斯。威廉姆斯随即陷入了挥之不去的沮丧之中。

不过，他很快意识到自己可以通过在普渡大学的实验室里重现这一场景来研究排斥效应。他开发了一款简单的电脑模拟Cyberball。在这个模拟中，受试者会看到电脑屏幕上有两个人在把球扔向自己。研究人员引导受试者相信屏幕上的这两个人真实存在，不过在另一个房间里而已。然后，这两个人突然停止把球扔给受试者，让他无法参与游戏。

受试者纷纷在报告里指出：被拒绝后他们都感到一定程度的悲伤和愤怒。这跟实验预期高度吻合。

让威廉姆斯惊讶的是，当受试者得知另外两个玩家并非真人的时候，他们显得更加愤怒。其中一个受试者非常精准地描述了他的反应："你知道人有可能让你失望，但电脑不应该呀。"

人类是不公正的，我们并不可靠、容易犯错。然而，我们希望科技是公正的。也许它并不总按照既有的方式工作，但是我们更倾向于相信没有生命的东西在很大程度上是公正且没有偏见的。

也就是说，直到自己被锁在大楼门外，或者面对一款只有自己无法登录的产品时，我们才会意识到排斥的存在。排斥的循环只有在真正发生时，才能显示出这些设计有多么不公平。

当然了，并非所有的排斥性设计都是负面的。它们只不过反映了有权力给设计定规则的人的选择，比如针对特定体形设计的衣服、面向新用户群推出的限量款、受邀才能参加的生日聚会。有时候，设定界限也能带来好处。

可是，当设计的目标用户与实际用户不匹配时，问题就会出现。

当解决方案本应为所有人设计，但实际上没有面向所有人时，这种排斥就可能是消极的。特别是如果我们在用于学习、工作、分享、治疗、倡导、创造和交流的共享空间里被排斥，那么我们的感受就和被社会排斥了一样。

另一种风险是：排斥正随着科技渗透到生活的每个角落。人际交流正在被机器取代，而所有人机交互的过程都存在一个未知数：哪些人会被机器拒绝，哪些人会被机器接受？

惯性排斥

是什么引起了排斥循环？为什么排斥比包容更常见？

设计团队每天都在对人做出错误的假设。他们假设盲人不需要使用照相机，聋哑人不需要使用音乐媒体服务或者产品。这是恶意的揣测吗？似乎也不像。

让我们回溯排斥循环的第一要素：为什么需要做？

当我们着手解决一个问题时，我们往往抱着最好的出发点去设计一个对大家都有利的解决方案。这样做的目的很可能是为现有用户解决一个已知问题。但同时，项目研发过程还存在其他目的，比如时间限制、在领导面前保持良好形象、为了冲业绩推动业务增长。当不同目标被搅在一起时，即便再好的初衷也可能在混乱中迷失方向。

面对众多目标，我们几乎来不及思考。我们可能一开始想要追求最好的包容性设计，但过程中出现的各种压力推着我们快速前进，就像快速前进的旋转木马。这时候，对设计受众提出的不全面假设就成了完成项目的捷径。

另外，有一个更重要的原因：习惯。

佩利把这称为惯性排斥。当我们对排斥没有清晰的了解时，那些在童年时期形成的习惯就会浮现出来，最终引起排斥循环。

相信谁先开始游戏，谁就负责制定规则，惯性排斥由此而生。正因为我们从一开始就认为自己没有能力改变游戏，我们放弃了改变的机会。于是，我们一再重复相同行为。

在简单的游戏中，我们很容易找到那个制定和修改游戏规则的人，请他把规则修改得更具包容性。可随着时间推移，游戏变

图 3-2

惯性排斥让我们设计出不匹配的产品，它来自我们对受众群体根深蒂固的假设

得更复杂，也许游戏的发起人换了，也许我们早已忘记谁制定了最初的规则。在某些组织或公司里，企业文化在很久之前就已成形，其创立者早就离开了。而我们却固执地认为修改规则是别人的工作，这个"别人"也许就是公司或社区的领头人。

我们似乎忘了这些规则最初由人制定，并且可以被重写。我们这群身处其中的玩家有责任根据情况调整游戏规则，如果我们不以此为己任，当有人被规则排除在外时，被问责的就是我们，而不是那个早已离去的"规则制定者"。我们可以在尊重游戏初衷的基础上动态调整规则，让游戏更具包容性。

根据传统或美学的要求，建筑师在设计新建筑时可能会习惯性地在门前放置一个宏伟的楼梯。但与此同时，使用轮椅的人可能在寻找那个能进入大楼的小入口。

我们在选择解决方案时，可能会认为"这些排斥都是规则使然，我只是依法办事"。我们轻而易举地推卸责任，让规则为误配买单。

这就是务必理清"我们为何需要解决方案"的重要原因，尤其当我们代表公司或组织工作的时候。虽然任何人都可以为创造解决方案而改变个人想法，包容性的推广应该是一个自上而下的过程，需要由最资深的组织者发起，把包容性的思考方式融入组织文化之中。如果包容性原则没有明确成为领导方针的一部分，排斥就仍然是惯性思考方式。

培养新习惯

惯性排斥很难改变。但是，和任何习惯一样，我们可以通过新实践挑战惯性思维和行为，随着时间慢慢改变它们。当我们说我们将致力于在设计中推动包容时，我们就像在宣布学习一门新语言。我们满怀热情地开始新的学习，但很快就意识到我们在专业知识上存在巨大的差距。

学习一门新语言需要计划、训练和决心。但最重要的是，我们必须和母语是这门语言的人频繁交流。

要想流利掌握一门新语言，你需要改变日常生活的方方面面，调整某些生活细节来支持你的目标，你甚至会为了习惯使用这门语言搬到新的社区，这与建立包容技能一样。

为了更好地获得这些技能，我们可以从每天都被设计拒绝的人身上学习，他们对排斥的方方面面都有深入的认知，他们将成为打破排斥循环的设计师、工程师和引路人。

向这些专家学习，我们可以剖析排斥循环里的所有关键元素。然后，我们将把重点放在把整个循环转向包容性的方法上。

小结：为何该戒掉惯性思维？

➢ 误配设计让某些群体被社会忽视，比如残疾人。

➢ 人在被物拒绝时，会有类似被社会排斥的感觉，两者都会导致生理疼痛。

➢ 惯性排斥源于这样一种执念：我们无法改变社会各层面由"别人"发起的设计。

第四章

包容性设计师

培养识别和修复误配的能力

约翰·R.波特（John R. Porter）的卧室能让所有骨灰级游戏玩家感到宾至如归。在一堆电脑之间，《罗拉快跑》（*Run Lola Run*）海报的另一头，一台正忙着把塑料挤成无法辨认的小部件的 MakerBot 3D 打印机对面，立着一面巨大的黑色钉板——类似车库里我的祖父用来挂锤子和扳手的板子。

板子上陈列着几十个游戏手柄，简直跟狩猎奖杯一样。它们的历史可以追溯到几十年前，其中一款是 1977 年雅达利推出的怀旧电脑手柄，上面有一个摇杆和一个红色按钮，曾经有数以亿计的人用这种手柄来玩传奇游戏《乒乓》（*Pong*）。还有一款是 1985 年任天堂推出的经典长方体游戏手柄，上面有两个按钮和一个 T 形方向键，玩家可以用它来控制《超级马里奥兄弟》（*Super Mario Bros*）——史上最受欢迎的游戏之一。

20 世纪 90 年代，随着家庭电子游戏越来越受欢迎，游戏和手柄都变得更复杂。波特的板子上还挂着一款索尼在 1994 年发布的流线型外观、双握式设计的 PlayStation 游戏手柄，以及几款微软自 2001 年开始发布的笨重的 Xbox 手柄，上面均配有按钮、摇杆、触发器和方向盘。

图 4-1

雅达利、任天堂、索尼 PlayStation 和微软 Xbox 游戏手柄的早期设计

波特把这块板子称为"排斥展示墙"，顺着它看过去，我们不难发现这些手柄随着时间的推移变得更大、更重、更复杂。但它们有一个共同点：都需要双手控制。

这些手柄是通往虚拟世界的大门。在这个世界里，玩家获得新技能，探索复杂地形，与彼此沟通。可是多年来，波特一直对这些游戏敬而远之，因为他被这些手柄的设计拒之门外。

我们和波特第一次见面时，他正在微软当设计实习生。当时，他在华盛顿大学的人机交互工程项目任教并攻读博士学位。

比起其他人，波特能更准确地告诉你如何创造一个具有包容性的解决方案。技术进步与他的生活息息相关：他通过轮椅四处走动，借助其他辅助技术延伸身体机能。这些技术帮助波特发现日常物品和生活空间中的误配设计。

如今，键盘、鼠标或触摸屏可以操作大多数科技产品，但波特主要通过语音识别进行操作。他通过一款名为 Dragon 的语音识别软件与电脑交互。该软件由 Nuance Communications 公司开发，能识别并实现用户的语音指令。通过与电脑对话，波特可以制订课程计划、撰写文书、与人交流，以及玩在线游戏。

他活跃于一个由残障游戏玩家组成的社区，这里的成员会分享如何破解他们热爱的游戏，让残障者也能进行操作。有时是通过修改硬件，比如一个可以通过头部运动控制的开关。有时是通过修改代码，比如把一系列游戏动作指令合成为一个简单的口令：听到玩家说"准备攻击"，程序就可以自动协调多个游戏角色同时瞄准一个方向，让玩家不必一个个手动瞄准。

波特把游戏体验与日常生活联系起来，在游戏与包容性设计之间建立起深刻的联系。以下是我与波特的聊天摘要，来帮助我们探索惯性排斥循环中的第二个元素：谁是解决问题的人。

　　凯特·霍姆斯（以下简称"凯特"）：你为何要建这堵"排斥展示墙"？

　　约翰·R.波特（以下简称"波特"）：我是为了提醒自己，我们这些设计师对人类做过哪些假设。这些游戏手柄的设计清楚地表明游戏只为一部分人设计，而非所有人。仿佛它们正对你说"这是为你设计的"或"这不是为你设计的"。

其实，我们设计的所有东西都一样，我们对用户做出了过多假设，导致设计只能服务于一部分人。

图 4-2

解决问题的人拥有决定谁可以参与的权力

凯特：当设计师对人做出假设时，会发生什么？

波特：这些游戏其实都基于一个大致假设：你将用双手和十指与之进行交互。对我而言，这几乎毫无意义。为什么这么说呢？我虽然有一定的行动力，但仅限于移动轮椅，我与数字世界的交互必须通过其他方式实现，而其中最主要的就是通过语音控制。

我需要使用技术时，就用语音去控制它，哪怕这个设计从不为语音控制而生。这并非因为游戏没有为我进行优化，而是因为设计师们恐怕没有考虑过可能存在我这样的用户，需要以特殊的方式控制它。

如此一来，解决问题的责任就被推给了我。对残障玩家来说，我们必须付出比别人多一倍的时间去研究怎么玩游戏。

凯特：设计师如何让设计变得具有包容性？

波特：假如一款游戏只允许玩家用某种特定的方式去玩，那么这款游戏对玩家本身就存在很大的局限性，往往最难被接受。相反，自由度高和灵活性强的游戏更具包容性。

我常说《魔兽世界》是一款非常具有包容性的游戏。虽然有些玩家很可能因为动作不够快或者移动能力不足无法参与战斗，可据我所知，《魔兽世界》中依然存在许多玩了很多年的残障者玩家。他们充分发挥了自己制作装备的技能，因为对他们来说，游戏不仅是为了完成战斗任务。

在这些玩家眼里，《魔兽世界》是一款经营游戏。

他们可以在《魔兽世界》里建立一个皮革加工帝国，制造装备以满足其他玩家的购买需求。不知道暴雪娱乐（《魔兽世界》的开发商）是否有意为之，但玩家们确实在不知不觉中创造了一个具有包容性的游戏体系。

凯特：游戏在你的生活中扮演了何种角色？

波特：我依然记得12岁生日那一天迈克叔叔送我《最

终幻想7》的场景。尽管我从来都没玩过，但它成了我当时最喜欢的游戏。我看叔叔玩过，但从来没能参与。因为 10 岁那年我失去了使用手柄的能力，所以游戏对我来说更像一项观赏性活动。

有一次，叔叔花了一整个下午试着把小块木头粘在手柄上，为的是让我能正常使用。可他的努力没有成功，我告诉他没关系，也许《最终幻想》就是不适合我。他说："不可以，它应该是你也可以玩的游戏。"他拿起修改后的手柄，安慰我："也许，我们只差一步，就能找到跨过障碍的方法。"

自那以后，我不仅玩游戏，更思考如何去玩。于我而言，这也是在思考如何参与社交活动。有时候这也是个负担，后来我把这种想法应用到生活的方方面面。这是一个亟待解决和分享的难题。

凯特：游戏该如何从排斥转向包容？

波特：在给设计对象做出假设时，人们本能地把自己当成目标用户，这是一种常见的思考捷径。而在游戏设计领域，这种现象尤为泛滥。

从历史上看，这个行业同质化的程度令人难以置信。游戏的设计者从一开始就深信自己是永恒不变的，很多人甚至认为自己是唯一需要考虑的游戏玩家。现在，我们看到情况在慢慢改变，这的确是一件令人振奋的事情。

不同背景的游戏设计师与更具包容性的游戏同时出现，

在我看来不是巧合。这两者相辅相成。

波特还指出，几十年来，游戏和游戏机都只由大公司生产，因为其中存在大量需要多年研发的技术。而在这些大公司里，往往只有一群精英设计师把控所有研发过程。

如今，越来越多的残障玩家群体和 AbleGamers 这样的组织，正在推动人们更有创造性地设计和体验游戏。经年累月的耐心和丰富的资源，让更多玩家有机会看到并体验游戏带来的快乐。

此外，随着更多元的游戏制作和发行模式的出现，更多不同类型的游戏内容和操控方式被创造出来。新一代具有包容性思维的设计师和爱好者正在逐步改变游戏行业。

包容性设计师可以来自传统的设计教育机构，也可以拥有各种意想不到的背景。因此，如何精准定义包容性设计师的技能就变得十分重要，这有助于让更多的人成为实践者，这也是我们必须思考如何重新定义设计师这一角色的原因。

决定由谁来设计

"谁是解决问题的人"这个概念的转变不只影响了游戏业，还影响了其他产业。更多设计师开始关注如何调整现有设计，让它们可以满足更多样的需求。开源工具让更多人参与设计，从教育到人工智能。当更多人有机会成为设计师时，排斥的循环就会转向包容。

在某种意义上，凡是解决过问题的人都是设计师。他们跟职业设计师之间的唯一区别是设计时是否以自己的需求出发，或者说利己的程度有多深。如果你觉得只为自己设计不够，还希望为其他人设计，那么你很可能是一名职业设计师。

让我们来看看严格的公司招聘过程。很多公司要求应聘者完成一份在线申请，这通常是一个十分繁琐的过程：应聘者需要具备特定的语言能力，能够上网并且长时间专注于阅读详细信息。

在科技行业，还有一种常见的面试方法：候选人与多个面试官见面聊天。面试官问问题的目的只有一个：评估这个人在申请岗位上获得成功的可能性。整个过程下来，候选人往往需要具备充足的体力和脑力才能熬得过。

最后，候选人会得到一个明确的回复，表明这份工作"适合你"或"不适合你"。然而，在上述这个过程中，到底有多少面试时用到的技能真的与日常工作息息相关？

考虑到这一点，让我们来看看成功的包容性设计师的三项技能：

1. 识别用户的能力偏差，以及人与环境之间不匹配的交互。

2. 创造多种体验产品的方式。

3. 为相互依存而设计，懂得结合互补技能。

能力偏差与不匹配的交互

很多公司的解决方案是为成千上万人设计的。面对如此大规模的需求，我们需要组建一支庞大的团队，百人甚至千人以上的设计师与工程师团队需要解决问题的不同方面。试想一下，如果每个团队成员都把自己的偏见带入到设计过程中，要设计一个对所有人有效的解决方案，将是一件非常具有挑战性的事情。事实上，这几乎是不可能的。

这潜在的挑战，就是人类多样性。

面对挑战的第一步，往往由增加团队成员的多样性出发。表现出多样性，对一个团队而言很重要。可是，增加不同背景的团队成员并不意味着团队文化会随之改变。改变文化可能很困难而且很花时间。但是，如果增加了不同文化背景的团队成员，却没有发展出围绕这种多样性的文化，那么这些员工在为公司提供成功的解决方案的同时，就难免承受被排斥的额外负担。

在人类的所有多样性中，能力的多样性尤为突出。

随着年龄增长，我们逐渐获得或失去各种能力。生活中，我们的能力也因疾病或受伤而改变。甚至从一个环境切换到另一个环境时，我们的能力也会变化。试想一下，当我们从黑暗的电影院走到阳光里，视力就会发生变化；当我们从安静的电梯走进拥挤的聚会，听力也会有所不同。

人类的能力，无论在物理、认知还是社会方面，都是我们使用某个设计的前提条件。一个人的能力与极限，在很大程度上决定着他们与解决方案之间的交互能否成功。

此外，当我们把人的能力放在产品的第一位来考虑时，将收获非常好的效果。人的能力是有限且不断变化的，无论人们的国籍、所受的专业训练、无意识的偏见或世界观等因素之间的差异有多大。这为开始设计包容性解决方案奠定了一个共同基础。

在设计师日常工作中出现的所有偏见里，能力的偏见最不容易被察觉。

能力偏见是一种以自己的能力为基准来解决问题的倾向。这

图 4-3

以自身能力为基准而设计，这个设计就只能为有类似能力的人所用，
最终让更多人被排除在外

样得到的方案往往能让具有类似能力和情况的人正常使用，但最后可能会把更多人排除在外。

即便是最具同理心的设计师，通常也会先入为主地创造一个自己能够看到、听到和触摸到的方案。在设计过程中，设计师会优先把自己的逻辑和喜欢的沟通方式代入其中。设计师的视力、手的灵活性和语言能力都将影响最终方案。甚至他们使用的设计工具，也会潜移默化地加固能力偏见。

能力偏见本身并不是坏事，也不是非消除不可。事实上，能力偏见也可能带来优势。一旦设计师发展出能识别自己能力偏见的技能，那么他们也能识别出其他人的能力偏见。

作为一名残障玩家，波特在设计时更偏向使用语音指挥、战略协调和通过实验来解决问题，但他并没有只根据自己的能力设计。作为一名具有包容性的设计师，他在设计时会考虑到自己以外的一系列能力差异，以便让更广泛的受众也能成功使用他的设计。

我们该如何超越自己的能力偏见？戴上眼罩来模拟失明，永远不等同于失明。事实上，眼罩会让设计师产生一种错误的同理心，特别是当他们试图用辅助物来模拟残障者的体验，却从未见过残障者或与残障者协作时。

如果解决方案将被数以百万计的人使用，而能力偏见又是不可避免的，那么我们究竟该如何开始呢？

为了解开这个谜，我们可以试着从人类交互的角度来思考多样性，也就是人与人之间或者人与世界之间的交互。

2011 年，世界卫生组织发布了《世界残疾报告》，把残障定义为"一种复杂的现象，它反映了一个人与自己的身体特征，以及与其身处的社会之间的交互"。[1] 这也是残障的社会定义。这些交互点正是误配发生的地方。

这也为设计师们打开了一个新思路。以前我们认为残障是指个人的身体健康状况在"正常"范围之外，如今我们重新定义了残障的概念，这是一个深刻的转变。当我们意识到残障人士无法合理使用设计方案不再是他们自身的问题，而是因为他们正身处一种与环境不匹配的交互当中时，预防这种情况发生的责任就回到了设计师身上。设计师做出的每一个选择，都会增加或减少人们与世界之间的不匹配。

厨具品牌 OXO 最初因误配而生，后来却在市面上广受欢迎。

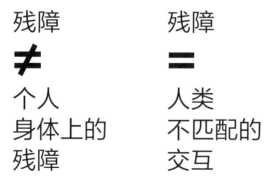

图 4-4
当我们从不匹配的交互的角度来定义残障时，我们强调了设计师的责任

故事源于贝特西·法伯（Betsy Farber）因手部关节炎无法使用正常的厨具，握起削皮器的薄金属把手对她来说都很困难，甚至会引起疼痛。为此，她的丈夫萨姆·法伯（Sam Farber）决定和她共同设计一款新握把。新握把是圆形的，手握的位置使用了可塑形的橡胶材料，这种材料让更多不同手型的人用起来更舒适。1990年，法伯夫妇开发了第一套OXO好握厨具套装，内含15把不同的厨房工具。

新的设计不仅让贝特西更轻松地使用厨具，对因手湿滑拿不稳厨具的人来说也非常友好。

参与方式的多样性

当设计只允许用户用一种方式进行交互时，很容易产生误配。常见的游戏机手柄，需要用户双手同时操作，对玩家手部的灵活性和力量都要求较高。而有些游戏允许玩家在游戏中扮演不同角色（战士、商人、教练、运动员等），让他们能以多种方式参与其中。

包容性设计师创造出能以不同方式使用的设计，并鼓励他们在使用时贡献想法。

为了更好地理解这个概念，让我们仔细研究一下包容性设计是如何被定义的。尽管这个词已经存在了几十年，但时至今日包

容性设计很大程度上也只停留在学术阶段。当我开始学习包容性
设计时，很少有公司把这个概念持续应用到日常工作中。当我还
在微软任职的时候，我们从各个大学请导师专门教授相关概念，
最后锁定了尤塔·特雷维拉纳斯和她在安大略艺术与设计学院的
团队。特雷维拉纳斯在 1993 年成立了包容性设计研究中心，致
力于研究数字技术如何促进社会的包容性。关于如何挑选设计师，
她有一套清晰的逻辑：

> 我们需要经历过被误配困扰的设计师，因为我们培养的
> 不是每个成员都具备各种特殊技能的团队，而是一组真正意
> 义上可以相互配合的团队，我们希望团队里的每个人都可以
> 从不同角度为团队做出贡献。[2]

在起步阶段，我们的另一位导师是本书开头提到的包容性
设计师领袖苏珊·戈尔茨曼。她对包容性设计的定义一直是我的
最爱：

> 包容性设计并不意味着设计一件所有人都能用的东西，
> 而是设计多种让大家可以与之交互的方法，让每个人在设计
> 中找到归属感。[3]

戈尔茨曼会用她称之为 I-N-G 的方法开展设计项目。她会在

公园坐下来，静静地观察发生着的一切。她会问："在这个环境里正在发生（I-N-G）的事情中，哪一件是最重要的？"是奔跑，挖沙堆，荡秋千，爬树，还是睡觉？不管答案是什么，接下来的问题总是："那么，人类有多少种方式参与这个活动？"

假如整个游乐场只有一种秋千，小朋友在玩的时候需要身高达标，双手扶稳，双腿保持平衡。只有符合特定条件的人才会玩以这种逻辑设计的秋千，因为这个设计只欢迎他们，不欢迎其他人。

然而，除了这种秋千，其实还有很多设计秋千的方式。你可以试着调整座位的形状和大小，让更多人参与；或者试着让在秋千上的人坐着不动，通过旋转周围的环境来模拟荡秋千的感觉。当人参与活动时，不需要特殊设计，但某个特殊设计很可能使人无法参与。

同样的情况也适用于科技领域。以写故事为例，如果写故事的人必须拥有键盘、电脑屏幕和一口流利的英语，那么这意味着我们读到的故事，基本上都是由满足上述条件的作者写出来的。通过这些例子我们清楚地看到：设计师创造的每项功能都决定着谁能与某一环境交互，谁不能。

在特雷维拉纳斯和戈尔茨曼的带领下，通过在微软开发过程中与数千名程序员、设计师和商业领袖的反复测试，我们慢慢摸索出包容性设计的定义：

包容性设计是一套能充分发挥人类多样性的方法。最
重要的是，这种方法意味着各种各样的人都是设计考虑的对
象，从他们身上能学到不同视角的新观点。[4]

我们还发现如果把包容性设计的相关概念放在一起比较，比
如设计的可达性和通用设计，对理清概念之间的差异很有帮助：

可达性：1. 使体验对所有人开放的特质；2. 以追求卓越
为目标的行规。

两者最大的区别是：可达性是一种属性，包容性设计是一种
方法。虽然实践包容性设计也应该包含让人更轻松地使用产品，
但包容性设计并不是为了满足所有可达性标准的设计过程。最理
想的情况是可达性和包容性设计相互配合，让体验不仅符合可达
性标准，而且真正可用并对所有人开放。

大多数可达性设计标准是从相关的政策和法律衍生而来的，
这些政策都是为了确保残障者可以无障碍出入不同建筑物而设的。
国会直到 1990 年才通过了《美国残疾人法案》。此后，轮椅使用
者如何进入建筑物这个问题才在全美引起广泛关注。1973 年通过
的《美国劳动力恢复法案》在 1998 年第 508 条修正案规定，所有
电子和信息技术都应向残障者无障碍开放。联合国于 2006 年制定
了《残障者权利公约》，这份国际协议聚焦残障者如何全面地融

入社会。[5]

　　包容性设计应在深刻理解可达性的基础上开始执行，可达性的标准是所有包容性设计的基础。

　　另一个与包容性设计密切相关的概念是通用设计。

　　　　通用设计：一种针对环境的设计，它强调这个设计能适用于尽可能多的情况，而不需要根据特定的用户或使用情况进行调整。[6]

　　通用设计根植于建筑和环境设计领域，强调最终解决方案，通常指有形的解决方案。通用设计的原则聚焦最终方案的属性，比如"使用起来简单直观"或者"可视信息"。[7]

　　相比之下，包容性设计是随着 20 世纪 70 年代和 80 年代的数字技术发展而诞生的，比如为聋人配字幕的视频、为盲人配音的有声读物。随着互联网的发展，包容性设计也趋向成熟。

　　在有些地区，包容性设计这个专业术语可以与通用设计互换。而我更愿意将它们区分开来。

　　首先，通用设计最适合用来描述最终设计方案的特质，尤其适用于描述有形物体的性质。相反，包容性设计关注的是设计师创造最终设计方案的过程，例如这一过程是否有被排斥群体的贡献。

　　第二个区别最初由特雷维拉纳斯提出：通用设计是能符合

所有人需求的设计，而包容性设计需符合一个人的需求。我们将在第七章通过一种叫"用户画像合集"的方式来进一步探讨这个区别。

包容性设计可能不会走向通用设计，通用设计也可能不需要任何被排斥用户的参与。可达性设计并不总是考虑人类的多样性或情感需求，例如美丽或尊严。有时候，可达性设计只需要为用户提供一个入口。

包容性设计、可达性设计和通用设计有各自的重要性和优势，设计师应该对这三者都很熟悉。[8]

包容性设计师可以是任何人，只要他能识别人与世界互动之间的误配并修正它们。包容性设计师积极地从被排斥群体中寻找相关专业知识，这些知识将启发我们去发现多元的方法，让更多人参与到设计中。

让可达性不再是纸上谈兵

觉得自己对所在领域的可达性设计了解不深？其实你并不孤独。值得庆幸的是你不必成为解决所有问题的专家，只需要知道什么时候该请教专家。你需要知道哪些问题会影响可达性，以及如何基于人们依赖的无障碍访问工具设计出能与之协同运作的方案。刚开始接触可达性设计时，我们经常碰到以下四种挑战：

- **教育资源匮乏**。学校或雇主很少提供关于可达性设计的基础课程。在包容性设计方面处于领先地位的公司正在开发相关课程，帮助工程师和设计师学习这方面的基础知识。此外，一个由可达性设计的专家组成的团队也在输出优质教育内容。这些信息大部分都是免费的在线资源，能帮助初学者快速入门。

- **复杂的法律措辞**。可达性和法律标准密切相关。除非你是一名职业律师，那些晦涩的术语可能让你望而却步。有些公司会雇佣第三方机构审核可达性的法律标准。但是，这些可达性的标准也未必精确无误。而且，法律标准不会给出如何创建可达性设计的细节或者如何进行测试的具体指引。

- **在混沌中寻找线索**。想要有针对地为你的企业或者方案创造一套可达性标准，无疑需要投入大量金钱和时间。为了节省成本，你也可以试着自己新建一个清单，把最需要处理的排斥性问题列出来，在设计过程确保自己考虑每一条，避免因重复测试浪费大量时间。总的来说，我们需要更好的方法来验证包容性设计的可行性。

- **高度依赖手动验证**。几十年来对可达性设计的忽视，导致用于检查可达性的工具没有在技术的进步下得到发展。因此，很多产品的无障碍测试都由人工操作。随着越来越多的人把可达性设计的需求融入开发工具中，这种情况似乎在迅速改变。理想情况下，让人完全无法使用的产品如今也不太可能生产出来了。[9]

相互依存和互补技能

在过分强调独立的文化中，在设计解决方案时考虑相互依存其实并不常见。在美国，人们对进入未知领域探险的独行侠（宇航员、企业家、牛仔等）有着很深的依恋。他们成功时被誉为自强不息、足智多谋的英雄，但这些孤胆英雄的故事很少反映生活的真相。事实上，我们的生活处处充满着相互依存。

残障者往往需要依靠他人或辅助工具来生活。这些辅助对缩小日常生活与有限行动力之间的差距至关重要。而且，如今每个人也越来越依赖技术来与世界接轨。

相互依存其实就是匹配互补技能，让拥有不同技能的人为集体做贡献的过程。还记得波特关于网络游戏的例子吗？当所有人都可以用自己的方式为这个游戏做贡献时，这个游戏本身就拥有了包容性。猎人或战士并不能让整个游戏社会繁荣起来，还需要更多类型的玩家参与。这是一个相互依存的社会，一个容纳了各种各样的新手和大佬的经济体系。

在设计解决方案时，我们往往把人作为个体来考虑。甚至在设计共享产品时，尤其在社交媒体中，许多解决方案也假设个体能代表群体行为。每个人都被视为独立单元，向其他个体发送信息，然后暗自计算其他个体给自己点了多少个"赞"，没有形成依存关系。

包容性设计师考虑的是相互依存的系统。他们研究人际关系，观察人们以何种方式把不同技能放在一起互补。正因为人是相互依存的，包容性设计师寻求的是人们创造集体贡献的多种方式。

作为包容性设计师，相互依存要求我们从更广义的角度思考系统间的供需关系。它促使我们发问，到底哪些人类行为或正在发生的事情才是最重要的。为相互依存设计将改变为社会贡献的人群、他们贡献的内容和贡献的方式。

人人都是设计师

传统意义上的设计专业正在急速变化。科技领域所需的技能变化尤其之快，这让很多大学在开设设计相关课程时都措手不及。其实，现在很多设计工作并非只有专业带有"设计"二字的人才能胜任。在这些新出现的设计角色里，包容性设计师必备的新技能也与过去不太一样了。

这对社会中的很多领域都至关重要，而最迫在眉睫的就是科技设计。随着各项技术渗透到生活的各个私密空间，我们与设计的交互也慢慢成为一种私密的行为。人们把产品放到家中，每天与个人设备分享他们的秘密。人们通过科技产品来分享、庆祝、哀悼生命中的每个瞬间。然而，研发这些产品过程中的每一项假设，都渗透着研发人员的个人偏见。无论好坏，这些假设都在左右谁能使用产品，并慢慢延伸到谁能参与这个社会。

曾经被狠狠地排斥过的人，可以把宝贵的经验转化为专业知识运用到解决方案中。他们的经历可以很好地弥补排斥循环之外各层面的空白。他们之所以有这样的优势，并不是因为跟其他设计师有什么本质上的不同。

他们的特殊技能来自对"被排斥"的熟悉，他们很清楚是什么导致排斥现象随处可见。有了这些知识，他们更容易发现其他人面对的排斥，当设计过程真正开放、包容不同观点时，他们将收获更多。这就是包容性设计师学习结合自身优势和表达个人观点的过程。

小结：培养识别和修复误配的能力

惯性排斥

➤   创造只有一种参与方式的解决方案。

➤   以个人能力为基准创造解决方案，也被称为能力偏见。

➤   把可达性和包容性作为补救措施，或者只满足最基本的法律标准。

如何转向包容？

> 考虑人类交互的多样性，考虑人会随着时间推移而变化。

> 识别解决方案中的能力偏见和不匹配的交互。

> 创造多种参与体验的方式。

> 为相互依存而设计，整合互补技能。

> 培养可达性的基础意识，在解决问题的过程中逐渐熟悉相关的可达性标准，积累这方面的经验。

> 用更灵活的方式定义设计师这个角色。开放设计过程，邀请那些真正有相关技能而不是传统意义上"有能力"的人出谋划策。

第五章

与之共存，为之存在

代代相传的排斥是如何形成的，又该如何被打破？

下次在路口等着过马路时，不妨花点时间留意一下这些设计细节：建筑物的朝向、环境声音的强度、过往的人群。你是否想过这个街角是谁设计的？这些设计者的选择又如何影响了我们的行为和与他人的互动？

在众多设计师中，建筑设计师是难度最高的一种。他们的设计必须经过一系列最严格的验证，达标后才能被获准实施。想成为一名有执照的建筑师，必修的培训和考试门槛都高得令人望而生畏。在完成所有基础教育后，接下来的认证过程也需要消耗大量时间和金钱。整个过程算下来平均需要 12.5 年。[1]

站在公共安全的角度来看，这是合理的。反观游戏设计行业，开源平台让任何人都有机会成为游戏设计师，这样的情况似乎很难发生在建筑设计领域。

图 5-1
不同的文化背景和固有的方法论让排斥循环难以被打破

　　正因为建筑业对设计师的要求如此严苛，我们才有机会透过建筑师这个职业审视"如何解决问题"。除了设计师本身，还有更复杂的外界因素影响着设计的排斥性和包容性。

　　除了商业准则和技术门槛，设计还受到各种历史遗留因素的影响。这意味着要转向包容，单靠新的设计项目是治标不治本。我们需要打破业内存在已久的层层枷锁。

设计之都

电锯的轰鸣与建筑卡车高分贝的噪声充斥着底特律市中心的每一条街道。一栋栋崭新的摩天大楼正在各种华美的旧建筑旁拔地而起。

2015 年，底特律成为美国第一个被联合国教科文组织命名为"设计之都"的城市。这是对一座城市丰富建筑遗产的认可，也是对现代美国具有影响力的本土建筑师与设计师的认可。[2] 底特律曾经以"美国汽车工业之都"闻名于世，而它的艺术实力同样不容小觑。

我第一次到底特律时，蒂凡尼·布朗带我参观了这座城市。作为一名建筑设计师和土生土长的底特律人，布朗在与人建立联系方面极具天赋。我们在公园、餐馆和大教堂般的办公楼大堂之间穿梭。她边走边讲述城里的点滴，这里每个设计的细微差别和建筑师的名字对我而言都特别新鲜。

布朗带我重温了人们在这些建筑里庆祝、哀悼、创造和修建的片段，让我通过这些故事来认识每栋建筑的特性，例如哪个餐厅最适合举办生日派对，平常挂满壁画的安静小巷如何在周末摇身一变成为音乐现场。她对空间如何聚集人群和设计如何创造归属感有着敏锐的嗅觉。

越来越多的建筑师和布朗一样认为城市居民应该亲自参与设计。她亲历了设计让社区走向衰败的过程，这激起了她对建筑设计的热情。她知道如果只为别人做设计，而不是与生活在此的人一起设计，那么这个设计很可能产生排斥性。

我们穿过一个小型三角公园，地上刻着"天堂谷"。布朗说这里虽然满是空置的店面，但曾经也是一个繁荣的经济中心，数百名黑人曾聚集在此经商，人们在附近的街道上听爵士乐。很多著名音乐家都在这里表演过，包括迪兹·吉莱斯皮（Dizzy Gillespie）、埃拉·菲茨杰拉德（Ella Fitzgerald）、杜克·艾灵顿（Duke Elligton）和路易斯·阿姆斯特朗（Louis Armstrong）。这个公园坐落在"黑底"的最北端，"黑底"因此地肥沃的表层黑土得名。从 20 世纪 20 年代到 50 年代，这里是少数几个允许非裔美国人居住的社区之一。

20 世纪初，对非裔美国人而言，底特律的经济繁荣意味着大量的工作机会。这座城市的人口从 1910 年的不足 50 万激增到 1930 年的 150 多万[3]，其中许多新居民是南部的非裔美国人[4]。在"黑底"这样的社区，居民彼此认识、互相照应。连国宝拳击手乔·刘易斯（Joe Lewis）都住在这儿，这让居民产生了一种信念：每一个住在这里的人都有机会成为伟人。

后来衰退接踵而至，当地汽车工业的衰败，2008 年金融危机，2013 年底特律宣布破产，超过 100 万人离开了底特律，也许再也不会回来。

在大衰退中，城市规划和建筑产业需要承担主要责任。"黑底"街区在 20 世纪 60 年代初被拆除，为克莱斯勒高速公路项目和路德维希·密斯·凡·德·罗（Ludwig Mies van der Rohe）设计的新型混合收入社区项目让路。过去底特律繁荣的非裔美国人社区中心被摧毁，大多数居民被迫搬到散布在市区的公共住房里生活。

接着，布朗把我们带到了曾经的布鲁斯特-道格拉斯住宅项目边上，这里的建设进程明显放缓了。在一幢被部分拆除的房子里，锤子的砰砰声此起彼伏。街对面是底特律常见的景象：大片空地，杂草丛生，四周用铁丝栅栏围着，挂着"此路不通"的亮白色指示牌。

布鲁斯特住宅项目后来发展成布鲁斯特-道格拉斯住宅项目，是美国第一个由联邦政府资助的住房项目。1935 年，埃莉诺·罗斯福（Eleanor Roosevelt）出席了落成典礼。该项目承诺为当时居住选择十分有限的蓝领非裔美国人阶级提供家庭住宅。这里最早的房屋主要由私人捐助者提供资金，接下来的几十年里，这些房屋一直由联邦政府管理和维护。

1951 年，弗雷德里克·道格拉斯大厦加入这个住宅项目后，最初致力于建造家庭住宅的承诺开始变卦。这些高达 20 层楼的块状塔楼设计与最初的城镇住宅截然不同。

这种建筑风格是当时冉冉升起的现代主义建筑运动的代表，该运动大量借鉴了瑞士-法国建筑师勒·柯布西耶（Le Corbusier）的设计理念。"公园大厦"的设计理念基于"清水混凝土"①，是他

---

① "清水混凝土"（béton brut），现代主义的一种表现手法，指混凝土浇筑完成后，不用任何材料进行修饰，表现混凝土的原有风貌。（本书页下注均为编者注）

图 5-2
位于底特律布鲁斯特社区旁的一栋道格拉斯大厦

崇尚的把精确的计算思维应用到建筑设计的实例之一。

柯布西耶的建筑风格给罗伯特·摩西（Robert Moses）留下了深刻的印象，摩西曾在 20 世纪中叶被誉为纽约市的"首席建筑师"。罗伯特·卡罗（Robert Caro）在其荣获普利策奖的传记《成为官僚》（*The Power Broker*）里将他描述为一个典型的种族主义者。在被任命为公职人员的几十年间，摩西建造了大量的公园、海滩、公路、隧道和桥梁，几乎改变了整个纽约市。他在设计这些公共设施时，有意识地排斥那些他认为不该出现在其中的人。其中一个臭名昭著的案例是他有意降低了桥梁的高度，防止公共汽车进入纽约市区，因为公共汽车是低收入人群和非裔美国人最主要的交通工具。

摩西追随柯布西耶的表现之一是拆除了他认为的"衰败"地区，如他所愿，50 多万人被迫搬迁。他不惜把整个社区夷为平地，为新的住房项目和高速公路腾出一大片空地。这种自上而下的建筑规划方法成为现代城市发展的模范，美国其他城市纷纷跟风效仿。

20世纪50年代到60年代，国会拨给高质量公共住房项目的建设和维护资金日渐紧缺。随着资金的减少，设计质量也开始下降。几十户共用一个电梯的高层建筑，后来成了美国公共住房项目的标准设计。

20世纪后期，由于资金减少、政策限制和维修疏忽，布鲁斯特-道格拉斯社区的建筑也年久失修。这儿曾是近万名底特律居民的家园，承诺为居民提供创业机会、改善生活、培训工作，如今却挂上了"即将拆除"的牌子。

最后一批居民于2008年迁出。那时，许多人只能依赖联邦政府的"第8条住房补贴"寻找下一个容身之所，这意味着他们一旦搬出去，就只能住分散在市区的房地产开发商建造的房子。刚开始很多居民表示抗议，一些人甚至拒绝搬家，但最后他们都被迫离开。

布鲁斯特-道格拉斯项目并不是唯一的拆迁案。几十年来，底特律各地都在打着"城市重建"的名号，重复上演破坏非裔美国人和低收入者社区的悲剧。随着城市规划的发展，排斥拥有了一个新特征：有的人不仅被他人排斥，还被各种经济机会排斥。

通过种族分布图，我们可以很清楚地看到这一点。今天，底特律大约有70万人，其中80%以上是非裔美国人，而周边大城市和郊区居住的主要是白人。[5] 不同社区由主干道分隔开，每条主干道都有非常清晰的物理标识。

2014 年，布朗在汉密尔顿·安德森建筑协会工作期间，监督了布鲁斯特–道格拉斯拆迁的最后阶段。这段日子里，她和前来见证拆迁的居民见了面。他们分享了很多在这里生活的故事，缅怀逝去的亲人，回忆在此结识的挚友。人们相聚在一起，纪念他们曾经每天生活的地方。

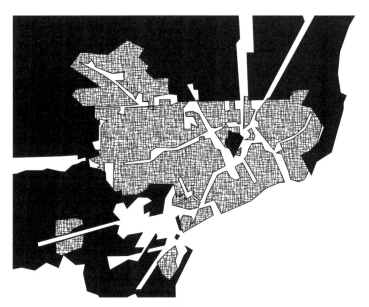

图 5-3

底特律居民的种族分布，可以清楚地看到道路和水路（白色部分）隔开了各区域。灰色区域的人口有 80% 以上是非裔美国人，与底特律市的轮廓高度重合。周边大城市和郊区用黑色表示，这些区域人口有 80% 以上是美国白人（基于 2010 年美国人口普查的数据）

　　布鲁斯特-道格拉斯拆迁对布朗来说有着特殊的意义，因为这个综合社区与她小时候的家——几英里外的赫尔曼花园——有很多相同之处。当我们开车经过这片如今已空无一人的土地时，她给我们指出从前念过的学校，还有拆迁后的新家。

　　如今，布朗生命中重要的地方都已经人去楼空，这也影响了她选择从事建筑业。她如此选择，并非出于对建筑的一腔热情，而是想为无数曾经被忽视的居民出一分力。

　　许多流离失所的居民（包括布朗的祖母），最后还是回到赫尔曼花园边上的一个小社区生活。在她家的前廊，我们一边看小孩子们在操场上玩耍，一边听她细数那些从未实现的新经济发展承诺。

　　如今，她仍能回忆起社区最初的模样和人们在一起生活的点滴。房屋一旦被毁，社区学校就因生源不足而关闭，商店也因失去顾客而消失。她能准确地描述赫尔曼花园的规划哪些可行，哪些行不通。

　　布鲁斯特-道格拉斯项目是为低收入非裔美国人家庭设计的，可设计师是谁？是谁决定了拆除哪些建筑，重建哪些建筑？他们的文化理念是什么？这个项目的建造和拆除都没有征得居民的意见。而这种事情并不只发生在建筑业，在其他设计领域同样存在，包括今天的数字技术设计。

　　当我们打破过去进入下一阶段时，进入的方式将影响谁能进入，谁会被留下。到底怎样做，才能改变长期以来的排斥循环？

400 向前

从小时候在公共住房居住，到如今成为一名建筑设计师，布朗一路上遇到过无数排斥性设计。在她考取建筑师执照的过程中，有一个数字她一直铭记于心：400。

在建筑师的历史上，只出现过 450 多名非裔美籍女性。2017年，在美国约 11 万名注册建筑师中，只有 400 多名（总人数的0.3%）是非裔美籍女性。

纽约城市学院针对建筑师行业的包容性进行了全面研究，得出的结论是非裔美国人在建筑行业的从业率极低，即使不分性别也只占总人数的 2%。这是不平等造成的后果，无论是审核机制还是新建筑师得到的支持，都存在大量的不平等。他们指出，要提高这个职业的包容性，需要更深入地研究两个方面：少数族裔青少年自身如何从社会角度看待建筑行业；社交网络、家庭引导和教育启蒙对他们的影响。[6]

资格证书不应成为建筑从业者的唯一标准。无数非裔建筑工人和建筑师对美国的城市景观做出了杰出的贡献。不过，资格证书确实很重要，因为有关城市未来的关键决策往往是由身居要职或手握重权者决定的，这些领导岗位需要各种资格证书把关。

布朗希望通过与年轻人合作，共同改变未来的领导阶层。她与合伙人一起创立了城市艺术组织，这是一个通过艺术、音乐和交互工作坊向少数族裔学生介绍建筑和设计的组织。她最近发起的"400 向前"项目，旨在培养 400 名非裔女建筑师。

她向我介绍了创办"400 向前"的过程。

凯特：你是如何选择进入建筑这个行业的？

蒂芙尼·布朗（以下简称"布朗"）：虽然我在底特律市中心长大，但从未有医生、律师和工程师来学校参加职业日活动。我们几乎没有机会接触艺术，更别提建筑这个行业，这对我们来说简直遥不可及。当时，我就读于一所糟糕的公立学校。我读 12 年级时，一个大学校招人员来到我们学校。那年秋天，我开始主修建筑学。这改变了我的人生观，也改变了我的一生。

回到曾经居住的社区建新房子，是我脑海中挥之不去的梦。如今我的许多家人和朋友依然住在那里。有人问我，如果有机会，想不想回到过去改变成长历程？我的回答永远都是："不。"从幼儿园到最后一天，我在这里认识了我最好的朋友。我父母那一辈的想法应该也和我一样。哪怕这片区域是城中最危险的地方之一，但于我们而言，这是唯一一个能称之为"家"的地方。

我曾深信，用"弱势青年"这个词形容因环境或社会阶层而被认为无法成功的年轻人，再适合不过了。他们不大可能有机会拥有自己的理想，更不用说实现理想了。

还记得有人来学校参观时，老师们在向别人介绍时把我称为"弱势青年"。这个词给我的感觉十分负面。我曾经认为由于成长环境、性别和肤色的关系，有些机会是轮不到我的。但后来，我意识到这个词并没有界定我是谁，我可以成为什么样的人。我以此为戒，假以时日证明他们都错了。曾经的"弱势青年"，如今已获得三个大学学位，其中两个还是建筑学相关。

凯特：设计师如何实现包容？

布朗：我想用一句拉丁语来总结："不参与，就不要替我们做决定。"（Nihil de nobis, sin nobis）这句话在残障者权利运动中特别重要，体现了与被排斥群体共创设计的概念：在没有邀请用户参与设计过程之前，不应该随便做出任何决定。尤其是被社会排斥的残障者群体和传统意义上的弱势群体。

这个概念在设计中很大程度上是被忽视的。举个简单的例子，我最近在底特律体验了新的 Q-Line 公交系统，这项服务的卖点是电子支付购票。当它第一次对公众开放时，售票机只接受电子支付而没有关于现金支付的引导，用户并不知道他们还有第二种选择：在车上用现金补票。这相当于把习惯使用零钱或现金购票的市民排除在外。结果，Q-Line 公交系统变成了一种将特定阶层从中城运到下城的服务设施，绕开了那些被排斥的人群。尽管它和市内公交并行，共用一套交通信号灯系统，并且都会遇上堵车。

我亲身体验过很多只面向特定人群的设计，它们可能带来压迫和不公平。被压迫的居民只能被动依赖这样的设计，默默承受这种无力感。

凯特：你是如何开展包容性设计的？

布朗：在学习建筑学的过程中，我意识到自己的学习方式与许多同龄人不一样。我在高中成绩很好，到了大学却很难适应。我发现自己的思维模式和老师的讲授方法脱节。很多有类似成长经历的学生都遇到过这个问题，他们可能认为这种课程根本不适合自己。

当我尝试解决一个问题之前，必须花很多时间找到问题的根源，我想从全局看事情之间是如何关联的，理解事物之间的关系对我而言意义重大。

我也在与目标群体的沟通过程中，发现很多有意义的关联。

我致力于为建筑业创造一种全新的引导模式，让这个行业能更好地反映目标群体的需求。多样性与充满激情的创造力相结合，让人们的生活质量真正得到提升。这种方式应该比今天的"超级英雄"设计模式有价值得多。

凯特：你是如何让设计变得平易近人的？

布朗：在一堂建筑课上，我们需要用乐高积木搭建一个城市，但有个学生说不出自己为什么要用某个逻辑来规划城市。作为设计师，比起迫不及待地开始设计，再将项目合理化，我们更应该试着在开始设计前从原因出发，让它带你一步步揭开设计的面纱。

我让她探究自己内心的想法。她在城市模型里放了很多商店，她解释这样做是因为妈妈生前经常带她去购物。

我本能地意识到她有一个感人的故事要跟我们分享。她一边讲故事，一边用积木堆起这座城市，里面有她喜欢和妈妈一起做的所有事情。她不需要理解设计思维，只需要后退一步，理清为何如此设计。为什么需要这样做？为什么这样做很重要？

我希望建筑和设计对在类似社区生活过的孩子们触手可及。我希望他们有机会和来自同一类社区、经历过同样困境却凭借努力获得成功的人聊天。

当布朗提到包容性时，她关注的是更宏观的背景：潜移默化地影响设计的历史遗留碎片，设计师与用户之间的定位，发起全面改革的设计先驱。更重要的是，她带我们去发现创造包容性设计方案的关键：让被排斥的群体，有机会发挥所长。

当人们被不匹配的设计排斥时，他们会非常熟悉这种排斥的性质，并且学会解决方法。如果有机会，他们可以将这方面的专业知识应用到包容性设计方案中。

下一章将展示人们如何在理解误配的基础上通过创造性的方式来解决问题，以及这种方式跟以往的设计师基于所谓的同理心来创造设计方案有哪些本质上的区别。

小结：代代相传的排斥是如何形成，
又是如何被打破的？

排斥的体现

➤ 在选拔决策职位的过程中，一直沿用不合理的规则，导致设计决策受到严重的影响。尤其是与专业技能没有直接关联的规则，比如财务要求、严苛的日程安排、单一的资格认证方式。

如何转向包容？

➤ 从宏观角度思考设计相互影响的后果，认识过去的设计对未来的重要性。

➤ 从包容的众多方面中，找到对自己和所在社区都有意义的连接点。

➤ 研究解决方案的设计过程：为什么用这种方案解决问题？是谁影响了设计决策？他们的灵感来源是什么？

第六章

重建匹配关系

被排斥的专家如何修复误配？

最近，越来越多的人开始关注对社会有积极影响的设计。一批为帮助"弱势群体"而设的项目出现了，有提供给发展中国家的学生的高新技术，也有专门为老年人或残疾人设计解决方案的比赛。

虽然这些项目的出发点大多数是好的，但不免存在陷阱。俗话说：林子大了什么鸟都有。难免有些人会以拯救世界的超级英雄或施恩者的心态去做设计。以这种心态设计的方案很可能建立在对受众的偏见之上。

我们和他们

为了说明这个问题，让我们来看看道奇 LaFemme 汽车的故事。这是一款专为女性设计的汽车，于 1955 年面世，1956 年就被下架。这辆车里里外外都是粉红色，装饰着小玫瑰。它最大的卖点是在后座的枕头位置藏了一个设备齐全的化妆包。它上市时的广告标题是"女王陛下专属……专为美国女人而生"。

道奇 LaFemme 是第一辆拥有性别的汽车 —— 女性专属

如果道奇公司希望用 LaFemme 硬顶敞篷车引领潮流，车主岂不是必须在驾照上列出汽车的性别！作为女性专属的设计，LaFemme 拥有各种女性化的设计特色。它的内饰是单一的粉色。前座背后配有两个粉色皮革配件箱，其中一个箱子里是一个粉色皮包，配有打火机、粉盒、口红等物品，另一个配有粉色雨衣和雨伞，与内饰成一系列。可是，这辆车的引擎、变速器和差速器都不是粉色的！

图 6-1

1955 年 7 月，《大众机械》杂志发表了一篇有关道奇 LaFemme 汽车的评论

　　尽管这看上去只是大男子主义时代的一个产品，但我们不妨来看看另一个失败案例 —— 2012 年推出的 Bic for Her 系列产品。这是一系列专为女性设计的书写笔，笔杆更细，有粉红、紫色和绿松石等柔和的颜色。亚马逊上这个产品的宣传语有："优雅的设计 —— 为她而生！""特别适合女人纤细的手。"

　　不管是否纤细，这些笔已经成了"专为女性而设"的反面教材。这要归功于作家玛格丽特·哈特曼（Margaret Hartman），她鼓励数以千计的消费者在亚马逊网站上撰写讽刺评论，产品很快不见踪影。

还有一个更严重的例子，比如汽车行业进行安全测试使用的人体模型（也称为碰撞测试用假人）。几十年来，这些模型都是参考男性的平均体形设计的，但众所周知，女性在车祸中受伤的可能性比男性大得多。

2011年，联邦政府开始采取措施缩小公共卫生领域的人口差异，交通事故在公共健康风险中的排名一直高居不下。在使用女性假人（高4英尺11英寸，重108磅，约1.5米，49千克）的汽车碰撞测试中，乘客侧的安全系数直线下降。[1]同年的研究数据显示，女性驾驶员在系安全带的情况下，在交通事故中死亡或重伤的风险比男性驾驶员高了整整47%。[2]

过去几十年的设计都以男性的均值为标准，工程师和设计师也都被训练成基于这些标准来优化设计。到2011年，汽车并没有突然变得不安全，而是一直以来都不够安全，只不过没有人留意到这种因性别差异引发的安全问题。

这不仅是简单的性别差异，因为即便同为男性，每个人的身材也不一样。之前用于碰撞测试的男性假人的平均身高为5英尺9英寸，体重172磅（约1.75米，78千克）。一旦汽车行业开始使用不同体形的假人进行安全测试，那么对任何与假人不同的人（无论年龄、性别、体重、身高如何）而言，汽车的安全性都会得到显著提升。

我们可以通过这些例子看出，产品和环境的设计能反映人与人之间的误解程度。美国很多著名城市建筑的设计，都是为了将某些人从社会和经济体系中驱逐出去。即使这些建筑被拆除、翻新或者消失已久，我们仍能在身边的设计中惊讶地发现这种区分"我们和他们"的思维方式。

有些设计有意排斥了某些群体。这并非源于忽略了某些群体的利益，而是以种族主义、残疾歧视、性别歧视、阶级歧视或滥用权力为导向设计的。要改变这些排斥性设计，就必须改变文化，瞄准排斥性的根源。

当设计师先入为主地认为设计的目标用户是"需要帮助的人"时，一种潜在的阶级感就会出现。况且，如果对别人的生活缺乏深刻的认知，设计师就很容易受到刻板印象的影响。设计师和建筑师常将使用设计的一方视为"他者"，这种思维会让设计师与目标用户之间产生裂缝。

问题就在于距离感，这种距离感源于我们对人群的分类方式。最常见的分类方式是单一维度的，比如根据能力、性别、种族、民族、收入、性取向和年龄进行分类。即便我们知道人是多维的，但企业一般基于这些刻板的标签来解决问题。

这些单一维度的分类法更多针对商业或社会权力结构，不同于人们与世界的真实互动。作为软件设计师，我们为什么需要知道用户的性别才能设计出更好的照片分类功能？这种毫无根据的假设，特别是把不同人群看成一个整体，很可能误导我们做出无效甚至有攻击性的设计 。

如何给人群分类，决定着我们将如何解决问题。越来越多的专业人士开始对参与式设计法感兴趣，但具体该怎样实现呢？我们该提出哪些问题？我们是去用户家面谈，还是把他们约到办公室？用户可以通过使用哪些工具为设计提供帮助？这些工具使用起来是否得心应手？其实，有意义的包容性设计远不止举办聆听会、焦点组会或采访路人这么简单。

可以从建立"被排斥的专家群"开始，让他们在设计过程中出谋划策。这些专家往往在体验设计方案时经历过最深刻的误配或受到过最负面的影响。和有帮助的群体建立有意义的联系。与被排斥群体一起设计，而不是单方面地为他们做设计，是将包容性融入设计的重要方式。

颠覆性改变

在创新路上，团队往往只关注设计的功能性，但理解设计的情感因素同样重要，尤其需要考虑人们对现有设计的熟悉程度。人们平常习惯如何使用这个产品？为什么这些习惯对他们的生活很重要？

有些功能上的微调看起来也许并不起眼，但对某些人来说可能是翻天覆地的改变。试想一下人们为了每天准时到达公司精心计划的路线，或者在电脑上整理重要办公文件的不同方式。对他们而言，哪怕只是微调某一功能或某条道路的名字，都有可能打乱全盘计划。

这种排斥性设计通常是由经济因素引起的。比如为了显得创新而改变，为了显得进步而强调增长，为了显得与众不同而优化，为了把无序变为有序。在这个过程中，这些改变会破坏人与人之间的关系，打破人们的生活习惯，特别是当解决问题的一方（无论是程序员、设计师、工程师，还是业务领导者）一味地把自己的专业知识放在首位，甚至凌驾于用户真实体验之上的时候。

在数字技术领域，当我们试图改变人们熟悉的产品时，也会引起排斥。每当我们添加新功能或移动功能的位置时，我们都在要求用户学习新东西。用户不得不花时间去建立新的关系，培养新的习惯。

问题是，每个人的适应方式都不尽相同。不是所有人都用同样的方式解决问题或学习新用法。可当设计师对产品或空间做出改变时，往往以自己熟悉的方式开始，这无形中让很多用户无所适从。

还有一个例子，我还在微软工作时，某天晚上接到产品负责人的电话，他很担心使用他们产品的女性用户会比预期少得多，他甚至对团队在较早前针对这个问题提出的设计感到担忧。

我们仔细观察了人们使用产品时的行为模式。我们翻查了俄勒冈州立大学教授玛格丽特·伯内特（Margaret Burnett）的研究，她曾经花了十多年时间探索性别与软件的关系。通过

GenderMag 项目，她验证了男性和女性使用软件的行为模式的确存在差异。[3]

其中尤为突出的差异，是不同人偏爱的学习方式。伯内特博士把这个课题延伸到人们理解新软件的方式。她提出了学习新技术的两个极端。一种是在说明书或他人的帮助下学习；另一种是自己摸索软件界面，反复尝试，从错误中学习。

研究表明，女性对这两种学习方式的偏好比较持平，不同女性在学习新软件时使用的方式各不相同。然而，男性大多喜欢通过自己摸索去学习。

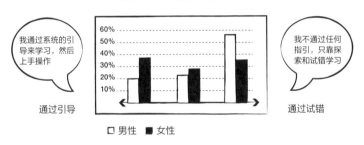

使用软件时的性别分布

图 6-2

该图表体现了不同性别的人偏好通过什么方式学习使用软件

（基于 2016 年 GenderMag 项目收集的数据，详情请访问 www.mismatch.design）

这个研究帮我们重新理清了问题本身。我们的产品有没有可能更受偏爱某种学习方式的用户的青睐？我们重新设计用户调研，基于不同的学习方法招募测试对象，并采访了不同性别的人，当中也包括变性者。[4]

我们发现，喜欢在别人帮助下学习的人，不分性别，都会不约而同地对产品的改动感到不适和困惑。他们担心重要的功能消失不见，或者熟悉的界面改变，导致他们无法完成任务。

事实证明，我们更新产品时，也在要求用户学习新东西。我们的设计往往反映了自己偏好的学习方法，但用户的学习方式可能与此截然不同。试想一下，有多少人被训练成像工程师那样思考？很多设计都是基于这种假设实现的：面对新功能或者改变时，人们会不断尝试，直到找到他们需要的功能。这很大程度上只反映了设计团队的学习方法，而且更偏向男性。

归属感

让我们回顾一下布朗提倡的学习方法。这种方法并非单纯地提供帮助，而是更强调在人与方案之间建立一种内在联系。引导性的学习方法可以让人们明白设计是如何解决问题的，这其实是一个让人们对自己解决问题的能力更有信心的过程。

通过包容性设计，我们找出了不同性别的人群中偏好引导性学习方法的人。这跟我们之前提到的寻找能力偏差的过程很相似，即通过找出团队中存在能力偏差的成员，找到方案中存在的能力偏差。

这个过程也帮助我们找到一种优雅的方式，把用户和现有产品联系起来，并且通过新的设计语言表达出来，让设计能真正辅助用户解决问题。更重要的是，真实用户的参与，能有效填补工程与设计团队的知识盲点，让大家为同一个目标而设计。我们把自己不知道的问题挑出来，虚心向被排斥的用户请教。然后我们在研究的基础上向用户提问，把他们的意见融入设计过程。

对高度依赖特定技术生活的残障者而言，颠覆性改变尤其是个大问题。假如我们更新了软件程序或网站，却没能保证屏幕阅读器之类的辅助工具与之兼容，那么这些更新很可能导致用户无法正常使用。这些不兼容还可能妨碍人们使用交通工具，无法准时到达办公室，而支付系统的改变甚至会影响一个人的生计。

这些学习偏见随着用户的反馈得到加强。许多公司都依赖活跃用户的反馈修改产品，这些用户一般是产品的忠实粉丝，和制造者一样深爱着产品，所以他们更愿意花时间给出使用反馈。

如何收集反馈往往反映了设计团队的偏好。如果团队只接受在线用户反馈，或者反馈平台只提供英文界面，那么你只能收到符合这些条件的用户的反馈。这深刻地影响了哪些反馈将传达给设计团队。

这些反馈的渠道也会被用户当成一个信号，他们以此判断自己是否属于这个产品的大家庭。在科技领域，许多用户都倾向于责怪自己不够聪明，以至于不能适应产品的变化。我们常听到用户说："我觉得技术发展的速度比我快得多。""我可能不够聪明，不知如何使用。"本质上，是他们感到被排斥了。这些排斥对人的影响可能是非常感性的。

要改变这种排斥感，就必须留心关注没有被设计或者反馈渠道覆盖的人群。知道谁的声音最大，谁的声音被忽略了。找出那些被忽略的人，好好了解他们的行为模式，及时做出设计上的修改，让他们也能顺利使用产品。给用户提供多种学习新产品的方法，设法帮助用户重新认识他们使用多年的产品。

我们也可以通过对人们开放设计过程，让用户参与其中来提升归属感。无论是设计产品本身，还是使用环境，只要人们能参与其中，哪怕每个人只贡献一点点想法，也能增加人与设计之间的情感联系。

对城市建设或软件行业来说，追求加速增长和变革往往是必要的。但最关键的是：我们该如何实现。

一个让人们对某地或某物产生归属感的设计，能与人们建立情感上的联系。设计一个新功能，不是单纯地拆掉几块水泥，修改几段代码，它很可能同时破坏了人们与这个功能的联系。所以新功能有可能让人们失望，离开，并且永远不会回来。

在不破坏归属感的情况下做出改变是很困难的。因为这不仅是理性上的抉择，还是情感上的抉择。那些经常被设计排除在外的人和在改变中遭受严重损失的人，最能理解这种情感上的变化，包括即将使用下一代设计的孩子们。虚心听取他们的意见，将是设计该如何发展的重要参考之一。

我的地盘我做主

不同行业的领导者可以成为倡导包容性的主角，因为他们是制定规则的人。虽然团队中的任何一个人都能拥有领导力，但是级别最高的人肩负着一种特殊的责任。他们必须愿意理解包容性设计。当然，在功能上实现包容性的各种投入很重要，但一个高级领导人可以创造或打破包容性文化。

当处于领导地位的人宣布他们将致力于包容性设计时，有些人就会受到鼓舞而追随他们。另一些人则因多年来知晓的与事实恰恰相反而持怀疑态度。当然因为一切尚未发生，所以每个人都拭目以待。

在承诺支持包容性后，其他人可能会惊慌失措。而领导者面对的第一个挑战是：处理所有不具有包容性的东西。这些东西一般会自己浮出水面。领导者如何聆听、学习和改变这些排斥，最显著地反映了他们的真实意图。对于想要提高团队包容性的领导者，这里有四个考虑因素：

- 做出你能兑现的承诺。确认组织里是否存在包容性，如有，程度如何。在进入其他包容性领域之前，理清基本问题。对包容性发展的进一步损害，有可能是因为只做出承诺，而没有制订详细的计划。或者是因为没有认清现状，就在缺乏基本可达性的系统上做创新。我们要明白：食言比从未承诺更可怕。

- 实现包容性是一场持久战，我们对此要有心理准备。通过回顾文化的历史背景来看清是什么带领我们走到今天，明白我们在未来需要实现包容的原因是什么，并在两者之间找到平衡。围绕根深蒂固的惯性排斥制订修改计划，其中包括可能做出的让步。每个人都需要对自己的工作负责，要有长路漫漫的心理准备。踏出第一步后，包容性会成为实现共同目标的最强动力。这项工作之所以有意义，不仅因为它对被忽视的群体有积极意义，更重要的是可以通过尚未被开发的思维让新设计自然成形。

- 建立激励和奖赏机制，鼓励人们进行包容性设计。在激励机制里明确指出工程师、设计师或营销人员应在设计过程开始时优先考虑包容相关的内容，这表明该组织真正致力于包容性设计的发展。如果可达性等包容性议题只被视为一种附加值，而不是根植于基础，那么可达性的实施就很可能被推迟甚至无法实现。所以，设定优先级很重要，我们衡量事情的标准反映了我们的价值观。

- 让所有人参与到过程中。创造多元的方式让人们参与，改变领导者的视角。善用领导力去提升被排斥群体的权利。

谨记：包容并非信手拈来。实现包容不是完全出于善意和施舍，它需要实现者清楚自己的动机、拥有详细的计划和将其付诸行动的毅力。

让人们达成互联

　　包容性设计希望把不同领域的人连接起来，无论在现实世界还是在互联网上。基于包容性设计，曾经被排斥的群体将迎来经济复苏。城市建设和科技进步，将带来更多的工作、教育和社会资源。

　　但是别忘了，哪些人可以获得这些机会很大程度上基于我们如何制定游戏规则。这就是"包容性增长"和"只有部分人受惠的增长"之间最大的区别。

　　设计影响着人们如何看待自己及其所在的群体。设计对人们的影响忠实地反映着设计者的思考方式，这些影响像一道道历史的刮痕，洗不走也擦不掉。即使建筑师或设计师已久别人世，他们的印记依然会流传下去。那些每天与这些设计生活在一起的人，可以很准确地告诉你某个设计为何成功或失败。

　　在更新换代的进程中，如何实施设计往往决定着排斥循环是被延续，还是彻底被颠覆。所以，设计需要被改变的时刻，就是孕育包容性设计的理想时刻。而成功的关键，就在于我们如何把被排斥专家的经验融入巨大的设计挑战中。

小结：被排斥专家如何修复误配？

惯性排斥

➢ 抱着"为别人设计"或"救世主"的心态，只基于对别人的怜悯或想象出来的刻板印象来做设计，并没有真正把被排斥群体邀请进来。

➢ 自上而下的决策方式，专制地将专业知识凌驾于真实的生活经验之上。

➢ 无视已有的行为模式，盲目地追求增长，一味地为改变而改变。

如何转向包容？

➢ 找出那些被排斥的专家。他们可能会因为你在设计上的修改而蒙受巨大的损失或被排斥在外。

➢ 共同设计，而非为他人设计。不同的设计方式，让过去被排斥的专家们也有机会参与你的设计过程。

➢ 理解人们在已有的设计方案中投入的情感价值，在新设计中考虑这些情感因素。

➢ 维护好现有的被排斥专家群体，他们的经验可以填补我们在设计上的知识盲点。同时与支持被排斥群体的当地组织取得联系，了解产品在人们生活中扮演或可能扮演的角色。

➢ 回想一下用来收集、整理和分析用户反馈的技术和平台。分析这些反馈平台是如何决定谁可以参与反馈的。谁的意见能被听到？谁不能？

第七章

"正常"并不存在

检验我们对人类的诸多假设

永远记得，你和其他所有人一样，都是独一无二的。

——玛格丽特·米德博士，文化人类学的先驱

世界上到底存在多少种人？

如果我们想要造福全球数十亿人，那么我们的设计就必须满足不同人的奇特需求。说来容易做起来难，难就难在人是很难预测的。面对这种复杂性，我们该如何设计？

滋生惯性排斥的一个原因，就是我们往往一开始就过分简化了"谁是用户"这个问题。而随着设计的推进，"人类的多样性"这个重要元素也没有被纳入考虑范畴之中。

为了让设计能满足尽可能多的人的需求，设计师们通过各种技术对"普罗大众"进行假设，他们常常陷入一个危险的概

念——"正常人"。

"正常人"这个概念，其实一直以来深受19世纪比利时天文学家和数学家阿道夫·凯特勒（Adolphe Quetelet）的影响。让我们一起来了解下背景，故事源自于托德·罗斯（Todd Rose）的著作《平均的终结》（*The End of Average*）。[1]

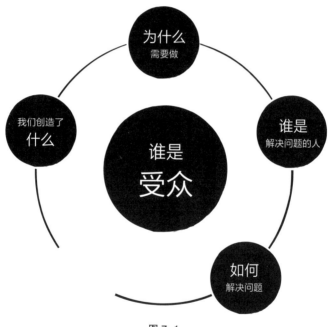

图 7-1
设计师和工程师经常通过自己的假设来简化对用户的考量

凯特勒希望能成为艾萨克·牛顿（Isaac Newton）那样出名的科学家。牛顿的运动定律和热力学定律，让宇宙中看似不可预测的现象变得有规律可循，也让概率论和数学预测越来越受欢迎，甚至催生出新的科学领域。

凯特勒把自己的野心投到了另一个方向:通过数学方法来解释人类社会中的不确定性。他开始对人类的各种数据进行测量,并制作了统计模型。

其中一个数学模型主导了凯特勒的研究:高斯分布,通常被称为正态分布曲线。这个概念最初由和牛顿同时期的法国数学家亚伯拉罕·棣莫弗(Abraham de Moivre)提出,几十年后由德国数学家卡尔·弗里德里希·高斯(Carl Friedrich Gauss)证明。

高斯证明了一个事件的概率(比如天体的位置或者硬币的正反)可以用一条简单的曲线来描述。而这条曲线的平均值,即下图的垂直中线,是该事件最接近事实真相的表达。正态分布曲线的钟形让大众很容易记住这个理论。

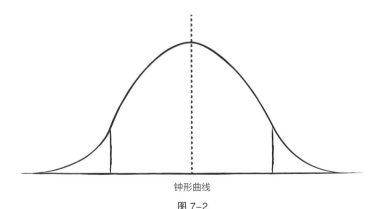

钟形曲线

图 7-2

正态分布有许多名称,如误差定律或钟形曲线。"正常"(normal)一词最初用于描述这条曲线中相互垂直的数学元素,并没有暗示其后来的含义
(E. T. Jaynes, *Probability Theory: The Logic of Science* [Cambridge: Cambridge University Press, 2003], ch. 7.)

凯特勒收集了比利时和附近地区数千人的身高/体重比、生长速度等数据。当他试着把数据制成图时，他意外地发现数据分布与正态分布曲线相吻合。

基于这个发现，凯特勒开始测量人类其他方面的数据，包括生理、心理、行为、道德等。在不同的测量研究里，他都发现了正态分布曲线的踪迹。他非常痴迷于用各种测量数据的均值来描述"完美人类"。凯特勒描述了"完美的脸""完美身高""完美智力"，甚至"完美道德"：

> 如果我们有足够的均值去定义一个"完美人类"，那么任何与其情况不同的，都可以被认为是畸形或疾病。[2]

后来他发表了《论人》(*Treatise on Man*)，这是一部革命性的著作。书中，他认为每个人都应该与"完美均值"相比较。通过"完美均值"，我们可以计算出一个人的先天"异常"程度。人类的多样性和差异性被视为错误。

这个想法非常具有感染力，而且经久不衰。

正态分布曲线不仅被用来革新现有的研究领域，更催生了全新的研究领域，尤其在社会科学方面。基于均值的疾病诊断方法促进了公共卫生的发展。时至今日，全球许多地区依然使用凯特勒的身体质量指数（BMI）来检测肥胖程度和健康状况。优生学及其中很多令人毛骨悚然的论点，包括如何根据能力、种族和阶级择优繁衍,都源于对凯特勒"完美人类"的崇拜。

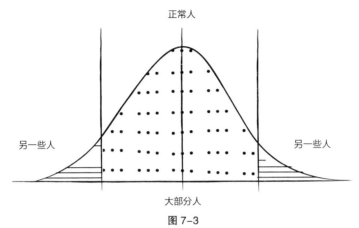

正常人

另一些人   另一些人

大部分人

图 7-3

当我们通过正态分布曲线来看人群的分布情况时,设计师很容易错误地认为"正常人"代表了大多数人,实际上"正常人"只是一个虚构的平均值

基于凯特勒的方法得出的结论,被用来强化某些人的影响力,同时让另一些人失去了应有的权益。

如今,正态分布曲线对于设计的影响仍然在社会上随处可见,无论是在电脑上还是在教室里。左撇子的学生不得不使用为右撇子的"正常人"设计的桌子,智能手机上的重要功能也是根据右撇子的"正常"用户的触摸习惯而设的。

"80/20 法则"是对这个概念的总结。"80/20 法则"最初由意大利经济学家维尔弗雷多·帕累托(Vilfredo Pareto)提出,他发现意大利 20% 的人拥有 80% 的土地。约瑟夫·朱兰(Joseph Juran)作为质量管理领域的先驱,将帕累托这一发现转化为质量管理的规则,指出大部分问题(占问题总数的 80%)是由少部分原因（占原因总数的20%）造成的。本质上，他把其中少数造成问题的"重要原因"从大多数"潜在有用的原因"中剥离出来。[3]

随着时间的推移，许多设计团队将"80/20法则"与正态分布曲线混为一谈。常见的误解是，曲线的中心代表了80%的主要用户或亟需解决的问题。人们假设：如果设计符合曲线中最大部分人的需求（即中值），那么这个设计就适用于大多数人。

这个推论导致许多团队将剩下的20%视为异常值或"边缘案例"，导致相关解决方案常常遭到拖延或忽视。

事实上，这些"边缘案例"恰好能让我们创造更优秀的设计，很多被排斥专家解决的问题都与边缘案例很相似。可是，当我们提起"边缘案例"时，就意味着我们默认了"正常人"这个概念是合理的。回到设计本身，假如这个"正常人"只是一个单纯的概念，实际上根本不存在呢？

为所有人设计？不为任何一个人设计？

罗斯给我们展示了美国空军史上的一个生动案例。[4] 20世纪40年代，第一款战斗机原本是为普通飞行员而设计的。为此，美国空军召集了数千名飞行员，收集了包括身高、体重在内的数百种身体数据，希望基于这些数据的均值来设计飞行甲板和驾驶舱。

飞行甲板的每个部件的位置都是固定的，不允许进行任何调整。当时的预设是,即使飞行甲板的仪器和部件不能完全贴合每个飞行员的身体尺寸,但他们应该可以通过自我调整去适应这种设计。

然而,当时的美国空军却有着高频率的坠机事故,很显然这不能单纯地归咎于机械故障或飞行员的失误。因此,中尉兼研究员吉尔伯特·丹尼尔斯(Gilbert Daniels)从原始飞行甲板的设计中抽取了10种人体数据进行深入研究。同时,他召集了4 000名飞行员进行数据测量,想确定这些人当中有多少能完全符合这10个均值。

答案是0。

4 000人里没有一个飞行员的数据能完全符合这10个均值,每个人都至少在一个方面与均值不同。美国空军一开始希望通过测量均值,设计出适用于所有人的飞行甲板,结果设计出来的甲板不适用于任何人。

后来,基于"个性化"的设计原则发生了革命性的改变。可调节的安全带、座椅和控键等创新设计开始逐步投入使用,一旦飞行员可以根据自身情况来调整飞行甲板上的各种部件的位置,飞行的安全性和飞行员的表现就会得到提高,同时这也让更多体形不同、身体机能迥异的人有机会成为战斗机飞行员。

这些进步慢慢影响了其他工业产品的设计。每次驾驶汽车时,我们都可以把座位、安全带和后视镜调到最合适的位置,不知不觉间每个人都成了个性化创新产品的受益者。

　　战斗机的设计是一个很好的反面教材，它从"为所有人"设计到无人受益于此，我们应该引以为戒。无论是设计书桌的形状还是强调特殊学习方法的课程，如果我们总想着为"正常人"设计，很可能会让许多人步上第一批飞行员的后尘：用户不得不为了适应这些不匹配的设计而用极端的方式调整自己。

　　"正常人"这个概念由一位 19 世纪的数学家提出，不可否认的是，它的出现对于促进社会某些领域的发展是有积极意义的，但如果被误用在某些领域，可能会造成极大的伤害。最重要的是，如果这个想法本身就是伪命题呢？

　　我们的一生都在变化中度过。如果思想和身体的变化本来就是不可预测的呢？"以人为本"设计里的这个"人"，究竟应该是谁？

超越以人为本 —— 以人为主导

　　用户画像是设计师和营销人员在考虑或者定义产品用户时常用的工具。一个用户画像是对一个虚构用户的描述，其背后有大量研究数据支撑。这个用户可能会配上"珍妮特"这样的名字，外加一张女性照片，旁边的文案写着："我是一名'足球妈妈'[1]，同时也是自由职业顾问，平时需要管理家庭琐事，学习新技术的

---

[1]　"足球妈妈"（soccer mom）指花大量时间带子女参加体育活动（比如足球）的普通女性，被认为是选民或人群构成中重要的一部分。

时间有限。"用户画像还有男性版本,他笑眯眯地坐在电脑前,旁边写着:"我是吉姆,初创公司里唯一的信息技术专业人士,我总是紧跟潮流,喜欢使用最新的电子产品。"

和正态分布曲线一样,用户画像的目标是尽可能概括一群人的特征和需求,以此来简化不确定性因素。用户画像也是为了不断提醒设计师和工程师,他们此刻正在为别人,而非为自己设计。尽管出发点是好的,用户画像还是过分简化了人的多样性,而且没有明确指出如何或何时该将人类的多样性重新加进设计过程。

另外,正态分布曲线的长尾部分,代表了人们在使用解决方案时可能出现的边缘案例和某些例外情况。特别是关于可达性的问题,常被视为长尾的一部分。正态分布曲线的思维模式误导了我们,让人以为可达性的市场需求很小。在"正常"设计中,可达性被归类到特殊情况中。我们将在第八章通过一些例子来反驳这个观点。

如果没有"正常"用户,那么"特殊"用户也就不存在了。如果没有属于长尾范围的人群,没有"异常"情况,自然就不存在什么边缘案例。相反,我们需要更多新工具来满足人类的多样性,挑战为"正常人"设计的传统观念。

在个人电脑刚出现的时候,基于对大多数人的假设去设计电脑图形界面是合理的。因为那时的用户和使用场景都比较单一,通常是一个人在特定环境中使用一台电脑,每次只需完成一两个任务。

在数字技术早期，用户之间的差异相对较小，大多数人都是电脑打字或制作电子表格的新手。因此，在这种前提下对用户做出假设也相对容易，比如哪些人会使用电脑、他们会怎样跟电脑交互、他们的操作水平如何 —— 他们很可能坐在屏幕前，在相对安静的环境下，使用键盘打字。

基于这些假设，当时的图形界面被设计成用户必须在隐晦的界面上找到各种图标，这对他们的视觉和认知能力有一定的要求，但由于他们的使用环境相对简单，这种设计还算合理。

然而时至今日，人们使用技术的方式的不确定性比以往任何时候都要高。海量用户爆炸式涌入，技术的交互面临多样性的挑战。几乎每个行业都想通过数字化转型去重新构建他们的业务、产品和服务。对于许多希望在 21 世纪保持竞争力的企业来说，这是必经之路。

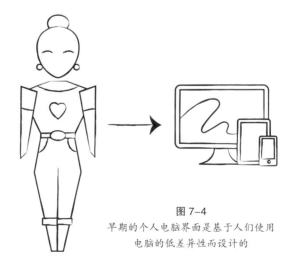

图 7-4
早期的个人电脑界面是基于人们使用
电脑的低差异性而设计的

人们一天内与数字界面进行多达数十次交互，除了智能手机，还有更多不同的机器。人们在购物、导航、搭火车、买咖啡、申请工作、在学校学习、在图书馆借书时，都需要与数字界面进行交互。

他们可能在灯光昏暗的电影院、阳光明媚的公园、嘈杂的咖啡馆、下雨时、为孩子们设置睡前音乐时使用电脑。有时候他们想要绝对的安静，这样才能集中注意力。当然，他们有时也愿意被家人的紧急消息打断思绪。

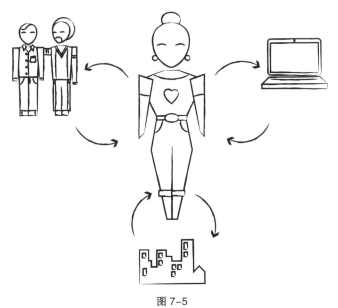

图 7-5

人与社会的交互是动态且多样的。特别是今天，
数字体验促进了我们与社会更多方面的交互

也就是说，技术光是先进可不够，它还必须很好地配合不同

人的需求，帮助人们在特定的时间、地点和目的下完成工作。

哪怕只是想想多样性，都让人不知所措。当人们频繁切换环境和设备时，我们该如何为这些不确定性设计？

显然，仅凭数学公式是办不到的。数学模型是技术设计的基础，对于在一大群人中找到行为模式非常有用，但这些模型能否顺利应用到人身上呢？显然，数学也有它的局限性，比如无法灵活地描述人类的个性。如果我们的目标是创造对生活有益的设计，那么仅通过数学来理解人类，就相当于给未来埋下了一颗定时炸弹。

科技还需要向人类学习很多，尤其向那些经常被技术排斥的人，他们对误配有深刻的理解，聆听他们的真实体验可以帮助我们发现问题，找到更好的解决方案。

向人类专家学习

玛格丽特·米德博士（Margaret Mead）被誉为改变我们看待人类文化方式的先驱，她让人们意识到文化在塑造个性上的重要地位。同时，她积极地推广文化人类学，在她去世时，她已是世界上最著名的人类学家之一。当许多社会学家还在尝试利用大量研究证明种族和性别的优劣时，她就指出了智力测试其实一直存在偏见。

尽管当时凯特勒的方法激发了许多学者利用正态分布曲线的理论去总结人类特征，米德却用她自己的方法深入研究了不同类型的人类文化，有些与她的生活环境截然不同。

她花了大量时间深入大洋洲的土著村落——特别是巴布亚新几内亚的部落，和当地人一起生活，观察他们的行为和文化。

1978年，《纽约时报》刊登了米德博士的讣告，摘录如下：

> 她的推论建立在对研究对象细致入微的观察之上，在无法对人体数据进行测量、测试或统计调查的情况下，她会通过图像去描述观察结果。
>
> 米德博士跟当地人住在一起，吃他们家的野猪、野鸽和干鱼；帮他们照顾生病的孩子，和他们建立互助互信的关系。她曾经修过一座没有墙壁的房子，方便她随时观察周围的一切。她拥有一种同期人类学家都没有的特质，一种摆脱西方先入为主的习惯的能力。[5]

米德博士通过亲身参与来发现研究对象的行为模式，得出自己的结论。她认为研究对象才是研究中的领导角色，他们才是真正的人类行为专家。

当凯特勒收集人类数据时，他完全沉浸在"正常人"的各种数据中，比如脸、身体和性格。他的动机是找到一个理想的均值，让社会的各个方面都趋向这一均值，同时把任何偏离这一标准的人视为"不正常"。这种动机明里暗里地被支持者一代代地继承至今，当中包括很多设计师、工程师和营销人员，他们一直崇尚这种观念。

随着数据科学一日千里地发展，情况似乎比以往任何时候都更为严峻。我们每个人每时每刻都在给计算机提供行为数据，让这种理论的数据集越来越庞大。可是，毕竟数据也只是数据，它无法给出真实而确切的答案。如何从数据中得出结论，是一门艺术。关键就在于知道如何收集、组织和理解数据。

花时间去理解人类的深度和复杂性，即便只从身边的一小群人出发，也可以帮助平衡"大数据"的劣势。"厚数据"（Thick data）是指一系列可以用来解释人类行为及其前后关系的信息。人类学家克利福德·格尔茨（Clifford Geertz）在他的著作《文化的解释》（*The Interpretation of Cultures*）中首次将其描述为"厚描述"（Thick description）。"厚数据"为我们提供了一种理解人们的感受、思考、反应和潜在动机的方式。

把"大数据"和"厚数据"结合在一起，有助于找到在设计中科学地引入人类多样性的方法。对设计而言，大数据就像一张热度图，可以清楚地指出哪些才是值得关注的区域。特别是当人们的行为模式跟设计师的预想出现偏差时，大数据能有效帮助我们找到其中的规律。

作为"大数据"的互补，"厚数据"可以帮助我们放大并理解真相。它有助于人们发现大数据规律的根本原因，识别人类行为对大趋势的影响。大数据和厚数据并用,可以让我们理解产品及其使用环境中哪些地方存在排斥。

试图通过一种通用模式去理解人类是一件非常具有挑战性,甚至是负面的事情。但从个人出发,深入理解并解决用户的一个特殊问题,倒是可行的。

用户画像合集

之前,我们研究了包容性设计和通用设计之间的区别。包容性设计强调一对一的设计,一个方案只针对解决一个问题;通用设计则强调一对全部的设计,一个方案就能满足所有需求。用户画像合集是一种包容性的设计方法,从为一个人解决问题出发,延伸到更多人身上。

回想一下电视这种视听媒体是如何崛起的。

字幕最初由美国国家标准局和美国广播公司在 20 世纪 70 年代初发明,目的是让聋哑人或听力较差的人也能理解电视内容。1972 年,茱莉亚·查尔德(Julia Child)主持的《法国大厨》(*The French Chef*)在美国公共广播公司播出,成为第一档配有字幕的电视节目。

今天,世界上大约有 3.6 亿失聪或听力严重受损的人,其中3 200 万是儿童。[6]随着年龄增长,几乎每个人都会丧失一部分听力。

　　字幕的出现让数百万人能公平地获得信息，越来越多人也获益于此。比如在嘈杂的机场或拥挤的酒吧里，球迷们可以依靠字幕观看体育节目和新闻；在安静的环境里，越来越多人因为不好意思调高手机音量而依靠字幕观看社交媒体上的信息；很多人也在通过字幕学习新语言。

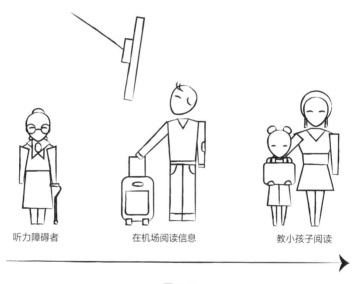

听力障碍者　　　　　　　在机场阅读信息　　　　　　教小孩子阅读

图 7-6
字幕原本是为聋人社区设计的，但它也让更多的人在各种环境中获益

　　这个设计最初是为了解决电视音频和聋人群体之间的误配而诞生的，但惠及了越来越多的用户，包括因年龄增长、意外受伤或特殊环境听力受损的人。

　　用户画像合集可以帮助我们通过可复制的方式来创造包容性

设计。让我们来看看这四个用户画像合集的例子，它们和人类的各种能力一一对应。类似的用户画像合集还可以引申到其他能力的问题上，涵盖人类的生理、认知、情感、社会等方面。这完全取决于你想解决的是什么问题，以及现在人们如何与产品交互。

图 7-7

根据人们的能力和残障程度的不同，他们会经历一系列永久、暂时或特殊情况下的误配

　　每一组用户画像合集的最左边，是经历误配最多的人。假如你在为电动汽车设计充电站，那么生来只有一只手臂的司机应该如何使用？在设计过程中，这样的例子肯定需要被考虑在内。和人们聊聊他们如何看待加油站里的油泵设计，相信你会从中得到很多启发。

　　另外，如果你可以花时间和盲人聊天，了解他们如何使用现有的付款机购物或买公交车票，也能从中获益良多。假如自动驾驶电动车在未来成为主流，那么盲人也需要能顺利使用它们，以上的用户反馈依然非常重要。

做用户画像合集的目的，不仅是列出不同人的能力缺陷，更多的是让我们理解合集里的人在什么情况下需要使用设计。

由微软开发人员斯威莎·马卡纳瓦贾哈拉（Swetha Machana-vajhala）发起的"智能助听"项目就是一个很好的例子。有一天，她的邻居忽然出现在她家前门，因她家公寓发出的巨响火冒三丈。产生噪音的其实是她的一氧化碳探测器，可她因为患有严重的听力损伤，一直都没有意识到这个问题。

这激发了她创造新应用程序的灵感，提醒人们环境中的声音。通过包容的设计过程，她的团队从一群聋哑人和听力受损者那里学习。他们了解了聋人文化的重要性，参与了美国手语课程和活动。[7]

在过程中，她发现了一个重点：大家其实并不想要一个"修复"或"代替"听觉能力的产品，所以替人识别声音的功能，比如指出哪些声音是婴儿的哭声或喇叭声的设计，其实都是不合适的。

人们更感兴趣的是声音里的情感信息，这些信息可以引导他们对声音做出判断。比如，识别出一个人说话时语调的变化，以此来判断他们到底是在嘲讽还是生气了。为此，斯威莎和团队设计了一个产品，能够对声音的强度和声音的方向进行视觉化处理，这样用户就可以转向发出声音的方向，并自行判断他们听到了什么。

回到用户画像合集本身,了解人们为什么需要这个设计相当重要。我们很少遇到单纯的功能性需求,比如想知道那是什么声音。一般来说,人的需要都比较人性化,比如想要变得更独立或者跟别人产生情感联系。

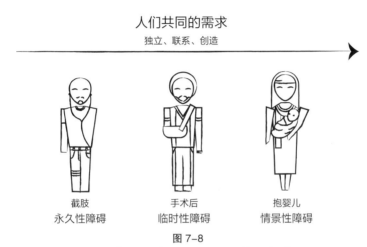

人们共同的需求
独立、联系、创造

截肢
永久性障碍

手术后
临时性障碍

抱婴儿
情景性障碍

图 7-8

人们的共同需求引导我们把已有的设计扩展到被排斥群体中,无论他们是永久还是暂时地被排斥

这些共同需求就像用户画像合集中不同用户的聚合剂。当我们为一个被排斥用户设计时,我们可以问问是否还有其他临时遭到排斥的用户也需要这个解决方案,因为临时或基于特定环境的需求往往很容易被忽略。如果把这些临时的排斥也考虑在内,那么这些用户也能受益于这个设计。

用户画像合集可以改进现有设计方案的包容性,把看似小小的设计方案传播到广阔的人群中,并确保这个设计在未来依然适用。

认知、感官和社会误配

以上介绍过的用户画像合集主要针对生理上（身体障碍引起）的误配。实际上，排斥性设计在认知、感官和社会等领域也同样存在。在这些领域中，我们也许更难发现它们的存在。因为身体障碍一般更明显，会直接阻碍你的行动，而其他误配表现得可能更微妙。以下是关于如何把包容性设计的基础扩展到身体能力之外的一些想法。

对于数字产品，设计师能理解认知上的误配尤其重要。各式各样的软件每天都在抢占我们的注意力，我们的思维也常受到各种干扰。增强现实产品正在改变人们看待现实和虚拟环境结合的方式。设计一个适合学习、记忆、专注、表达、还原各种感官感受的体验，将是一个相当复杂的挑战。

想要完全理解人脑和人体运行的方式，现在看来依然遥不可及。然而，在认知能力上具有包容性的产品越来越多，当中很多都集中在教育和学习领域。这些产品之所以在认知能力上具有包容性，一部分原因是邀请了有认知和感观障碍的人共同参与设计过程，另一部分则是针对认知方法的多样性（非认知障碍）而设计的。

从社会角度看，技术是一座桥梁，让世界各地的人们接触到各种经济和社会机会，尤其当他们第一次接触互联网时。中国现在有至少 7.3 亿人使用互联网，大约是美国人口的两倍。[8]其中，

95% 的网民通过移动设备（手机等）接入互联网。[9]

许多人通过语音输入设备接入互联网，而增强现实和虚拟现实也慢慢成为数以百万计的人连接互联网的重要方式。

不同的人在使用数字产品上的差异，给设计带来很多有趣的挑战。在触摸屏高度普及的领域，大多数设计师都专注于图形界面设计，因为我们可以看到并触摸图形界面。而在语音输入为主的领域，设计师们则专注于语音命令和对话的设计。

为社会的包容性设计，需要考虑围绕设计的更宏观的文化背景。语言、政治、货币、互联网带宽、社会细微差别等复杂的挑战，都是设计包容性方案时需要考虑的重要因素。

包容性的实现程度，取决于设计师能在多大程度上超越其所处环境里各种能力和技术的极限。

为一个人设计，为 70 亿人设计

我对包容性设计的了解越深，我就越相信这个星球上存在着 74 亿种不同类型的人。

"同理心"是一个在设计中经常被提到的词语，为数十亿人创造具有同理心的设计到底意味着什么？随着技术人员越来越意识到他们创造的产品可能会把用户排除在外，人们对同理心的关注将会再度点燃。"同理心"这个词和"包容性"一样，可以从很多层面去理解。

一些关于同理心的设计方法专注于单纯通过跟人交谈获得反馈。例如，向路人介绍自己，征求他们对某个想法的意见。另一些则倾向于对自己的假设提出质疑，想象其他人对这个问题的看法。一些团队拥有自己的研究部门，让社会学家、人类学家和心理学家一起进行研究。可是，大多数方法都无法同时理解数十亿人的想法。

不同文化对同理心的描述各异。在设计技术的背景下，关于同理心的两个中文描述特别有意思，我在每个汉字底下都标注了英语翻译。

同理心
with | reason | heart

共情
total | situation

图 7-9
两个关于同理心的中文描述

同理心，"用心去理解"，去"全方位地感知"。构想全球化的设计方案，需要设计师同时做好这两件事。它通过对更大的背景及其中关系的理解，结合人性的广度和深度而变得有意义。这就是迎接为 74 亿人而设计的挑战时同理心的进化方向。

包容性需要我们改变对设计受众的假设，它始于好奇心和观察。分析大量数据可以使问题涉及的范围更广，帮助我们更快地迭代想法并优化方案。当我们在设计解决方案时，我们有责任确保方案在功能和情感上都能很好地为人们服务。为了修正当中的细微差别，我们需要回到现实生活中，去聆听人与人之间的对话。

不是每个人都是人类学家或数学家，也不是每个人都能抛开他们的文化偏见，但我们都能学着去寻找那些被排除在外的观点，让它们在我们心中扎根。

小结：检验我们对人类的诸多假设

惯性排斥

➢ 为一个虚构的"正常人"设计，认为他能代表 80% 的大多数和 20% 的少数案例。

➢ 假设人们能自己适应一个设计方案，掌握预设的使用方法。

如何转向包容？

➢ 设定一个标准，评估你的设计在被排斥人群（尤其是残障者）身上的效果。

➢ 针对想要解决的问题，建立一系列用户画像合集。

➢ 为那些使用你的方案时经历最多误配的人建立厚数据档案，
  通过深入观察和研究向他们学习。

➢ 有机结合大数据和厚数据，把大数据看作热度图，找到人们
  与设计之间关键的误配区域。通过厚数据深入调查背后的原
  因，顺藤摸瓜找到更好的解决方案。

➢ 通过"一个方案解决一个问题"的方法，为那些遇到最大误
  配的人提供有针对性的解决方案，并将解决方案扩展到遇到
  同类问题或在类似情况下暂时面临误配的人。关注这些人需
  要这个设计的共同原因。

第八章

有关爱的故事

包容如何推动创新？

一起来看看家里有哪些东西的设计具有包容性。

也许是可调节高度的办公椅、电脑键盘、智能手机触摸屏、老花镜，它们都是一系列修正排斥的创新成果。

许多最初面向残障者的辅助产品，都被发现具有成为主流产品的潜力。随着技术的进步，功能变得更强，市场也逐步扩大。接着，意识到这些市场机会的企业就更有可能投入资源，让产品变得更实用、更美观。

这个规律也适用于很多新兴技术，例如语音识别和语音控制。作为不需要通过键盘、鼠标或屏幕就能与计算机交互的方式，它在某种意义上最初也是为残障者设计的。如今，人们通过语音与汽车和家用设备交流、导航、查看天气，甚至订购比萨，这项原本针对残障者设计的技术正被数以百万的人使用着。

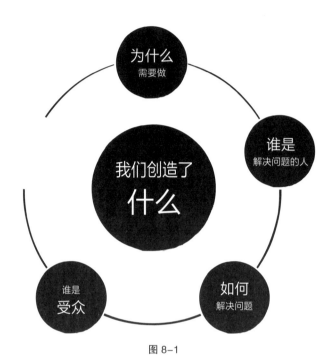

图 8-1

*解决问题的人往往急于从这一点出发，直接跳到解决方案。这让它成为推动
传统商业方案转向包容性的有力起点*

在"我们创造了什么"中，最大的排斥是认为事物的意义是
固定而单一的。有一个经典的创造性思维练习，是让人尽可能想
象一块砖能有多少种用法。

我们可以用这块砖建一堵墙，这很符合人们对砖块的预期。
这块砖在夏天可以挡门。它也可以加热食物，或者磨成粉末当沙
子用。当我们改变一件物品的形状、使用环境或者使用目的时，
它就拥有了新的意义。

通过延伸对一件物品或环境的假设，我们可以理清一个解决

方案如何满足不同人的需要。包容性设计的特点，是能适应每个用户的独特需求。

对那些用固定思维理解被排斥群体和可达性设计的人来说，这种延伸创意的思维极具挑战性。在他们眼中，砖无外乎造墙的工具，屏幕语音阅读器就是盲人用的工具，视频字幕就是聋人的工具，可达性产品就是残障者专属的解决方案。

因此，可达性的解决方案往往缺乏深入的设计思考。拐杖、轮椅、假肢、支架等肢体辅助产品，通常和外科医生手术室里的医疗器械一样：冰冷的金属、粗糙的材料、工业级塑料、毫无生趣的颜色。对用户和他们身边的人而言，这些设计就像一个提示，提醒别人他们是需要帮助的病人。

在创造数字产品的过程中，往往也会出现类似的情况。当解决方案被认定为"针对残障者"或"针对可达性"时，通常很少或者根本不会有人在意设计本身。也许，这个解决方案在功能上满足了所有需求，但它情感和审美上的误配依然让人敬而远之。

辅助设备，尤其与人在生活中有着亲密的关系。它们不仅是一件东西，还是一个人表达独立、美丽、力量的载体，是他与世界产生联系的延伸。

在领导们愿意投资包容性前，这种思维定式的主导难免让人提出这些问题：

- 它的商业企划案是什么？

- 投资回报率是多少？

- 你如何证明它是有效的？

在我们深入探讨商业的合理性之前，先来看看从误配出发的一些设计案例，也许有助于我们理解这些问题。一个被设计狠狠拒绝过的人，很可能以一种全新的方式去使用那些用法单一的物品。参与的欲望激发了创意，让他们通过灵活运用现有资源去解决自己的误配问题。

以下是我最喜欢的一些包容性设计和它们背后的故事。

可弯曲的吸管

有一天，约瑟夫·弗里德曼（Joseph Friedman）和他年幼的女儿去冰淇淋店，小女孩坐在桌子旁用笔直的纸吸管喝奶昔时，不小心洒了出来。弗里德曼灵机一动，将一颗长长的螺丝钉插入吸管中，把一根铁丝顺着螺丝钉的纹路紧紧地缠在吸管上，吸管中部印上了螺丝钉的纹路，变成了可弯曲的吸管。

可弯曲的吸管让他的女儿可以顺利地喝上饮料而不洒出来，同时这个设计也适用于那些因疾病或受伤而无法将杯子举到嘴边或卧病在床的人。当然，那些在沙滩上躺着喝饮料的人也受益于此。

打字机和键盘

19 世纪初，卡罗莱娜·范多尼·达·菲维扎诺伯爵夫人（Countess Carolina Fantoni da Fivizzano）发明了人类历史上最早的一台打字机。据说，她是意大利发明家佩莱格里诺·图里（Pellegrino Turri）的爱人。伯爵夫人不幸失去了视力，而当时盲人给别人写信的唯一方法就是请人代笔。

为了保证通信的私密性，伯爵夫人和佩莱格里诺·图里发明了一种打字机。人们通过按下单个字母键来输入内容，金属臂将抬起并把字母压到复写纸上。一开始，这项发明希望让盲人也能写字。两个世纪过去了，打字机的衍生产品慢慢进化为今天的电脑和移动设备的键盘。

FingerWorks

韦恩·威斯特曼（Wayne Westerman）希望创造一种不需要手部力量也可以与电脑交互的方式，原因之一是他自己患有严重的腕管综合症。他的公司 FingerWorks 创造了一种全新的交互方式，给每只手都配备了一块触摸板，以此替代键盘。

最初，他们只把这项发明推销给手部有残疾或手臂劳损的人。慢慢地，公司便积累了一批忠实用户，他们在日常电脑的使用过程中越来越依赖 FingerWorks 的产品。同时，其他对这个设计感兴趣的用户也日益增多，这些人认为这是一种更简单的操作方式，没有能力门槛。

2005 年，Fingerworks 把这项技术卖给了苹果，让这家科技巨头打造出第一个基于手势控制的多点触控产品 —— iPhone。威斯特曼的名字出现在了 2007 年的 iPhone 专利名单上。[1] 然而在这个过程中，最早的 FingerWorks 产品也逐渐停产。

PillPack

20 世纪 60 年代，制造商开始在阿司匹林药片表面涂上糖衣。为了确保孩子们不会误吃药物，他们需要一种防止儿童打开药瓶的安全瓶盖。

然而，安全瓶盖不仅让小孩无法打开药瓶，甚至让所有人都觉得难以打开。手部灵活性不高、年龄渐长或受伤的人都很难打开这种药瓶。另外，对需要服用多种药品的人来说，认错药或者吃错剂量的后果是很严重的，甚至可以致命。药瓶的曲面让人们很难阅读标签上的说明，这会增加吃错药的风险。

PillPack 的创始人、第二代药剂师 T. J. 帕克（T. J. Parker）的团队与 IDEO 合作，设计出了一种更好的配药方式。他们关注的是那些在使用药物时面临最大误配的人，其中一些是长期癌症患者，他们一周内需要服用十几种不同类别的药丸。

最终的解决方案不只是设计一个容易打开的药瓶，而是重新设计了整个处方药配送服务。病人可以通过 PillPack 订购处方药，药物会以预先分装好的小包装送到你手上。因此，病人不再需要自己配药。每次吃药时，他们只需取出其中一小袋，里面装着的就是此刻需要吃的药。

对于 3 000 万每天需要服用至少 5 种处方药的人来说，这种解决方案大大提高了服药的安全性和便利性。PillPack 目前正致力于改善病人、药房、医生和保险公司之间的互动，推出了综合性药房服务系统 Pharmacy OS。

星星的声音

旺达·迪亚兹-默塞德（Wanda Díaz-Merced）是一名天文学家，她在波多黎各的古拉波出生并长大。作为热爱数学和科学的学生，她和妹妹的梦想是有一天可以乘坐火箭飞往太空。可惜的是，在学习天文学的过程中她的视力开始变差。对于天文学家，视觉观察是研究天文事件相关数据的主要方法之一。随着视力的变化，迪亚兹-默塞德担心自己无法在职业道路上继续发展。[2]

她开始使用一种被称为拟声化的技术，通过将恒星辐射的数据转换成音频，用音调反映数据分布，"聆听"恒星成为可能。在博士研究期间，她探索了可用于天文数据拟声化的新技术。她写道：

> 声音，为科学家和天文学家分析数据提供了一种更敏感的方式。从视觉上观察不到的模糊事件，也许会被听到。无线电波可以变成鼓点，x 射线可以变成羽管键琴的声音……[3]

迪亚兹-默塞德将继续参与全球层面的天文学研究。拟声化的技术还能让更多人接触到天文数据，特别是无法分辨数据可视化中不同颜色的天文学家，还有由于年迈或受伤失去视力的人。使用视听信息的组合可以让所有面向数据领域的从业者更好地访问数据，解读数据的细微差别。

电子邮件

温特·瑟夫（Vint Cerf）被称为互联网之父，他是互联网早期的主要开发者之一。2002 年，瑟夫撰写了《互联网为所有人服务》（"The Internet Is for Everyone"），文中阐述了互联网应成为人权的原因和接入互联网的最大阻碍，并呼吁大家以世界上任何人都能接入的方式来设计互联网。时至今日，瑟夫仍然强调可达的重要性："如果程序员没有必须为构建适合特定人群（比如残障者）的接口而努力的使命感，那么他们几乎在犯罪。"[4]

瑟夫还创建了一些最早的电子邮件协议。他听力不好，妻子也患有耳聋，彼此不能用电话交流。他创造了电子邮件，这个发明在一定程度上是为了让他和妻子在不同房间的时候还能保持联系。

如今，电子邮件几乎和互联网一样无处不在。随着技术的发展，这项由标题和正文组合而成的技术已经成为聋哑人、听力障碍者或被时空分隔两地的人保持联系不可或缺的桥梁。

摩根的灵感公园

在圣安东尼奥炎热的夏天，水上乐园是孩子们和家人放松玩耍的重要场所。其中一个水上乐园是以摩根·哈特曼（Morgan Hartman）命名的，他和父母戈登、玛吉一起建造了这个"具有包容性的乐园"。摩根从小就有认知障碍和身体上的缺陷，多年来，一家人一直无法为摩根找到一个适合玩耍的地方。他们想创造一个无障碍的环境，让残障和健全的孩子可以一起自由玩耍。

除了丰富多彩的水上景观和便捷的设计，摩根灵感公园还有一些与众不同的地方。

首先，哈特曼夫妇邀请了很多残障者和专家一同参与修建这个公园。其次，他们开发了实时调节水温的方法，让水温可以针对每个孩子的需求进行调节。接着，他们与匹兹堡大学和美国退伍军人事务部的工程师合作，为公园专门设计了由压缩空气驱动的电动轮椅——"气垫椅"[5]，这款安全的水上游戏设备每次充电只需要 10 分钟[6]。更特别的是，公园对所有残障者都是免费的。

这些例子都是有关爱的故事。事实上，爱是创造包容性设计的共同出发点。很多故事都围绕受到误配影响的人。他们对职业的热爱或者对某项活动的毕生激情，让他们把全部注意力集中在如何修复这些误配和创造更好的设计上。

另一些故事源于当自己的爱人与外界的连接被迫中断时发生的误配。

在以上这些故事中，人们都带着自身对排斥的深刻理解，邀请被排斥群体共同合作，最终设计出让更多人受益的解决方案。关于包容性设计的故事还有很多，当中有一部分获得了巨大的商业成功，另一部分则在日常生活中默默为大家服务。从这些例子中，我们总结出四种为包容创造商业理由的方式：

1. 提高用户的参与度和贡献度

当产品变得更容易使用时，用户的参与度就会提高。这个商业理由的关键在于准确地展示误配设计如何影响了真实用户的使用。与被排斥的群体合作，记录他们在使用产品时面临的挑战。详细记录他们通过什么方式最终顺利地使用产品，让这一过程清晰可见。然后把这些影响用户参与度的障碍一一呈现给团队，并解释该如何消除这些特定的误配，从而减少产品与不同用户之间的摩擦。

另一种参与则发生在产品开发的过程中，用户参与出谋划策。对公众来说，大多数技术和制造技术的过程都仍是一个谜。然而，技术在人们日常生活中却发挥着关键作用。邀请这些每天与产品打交道的用户参与研发，可能比你想象的更有意义。主动认识他们或者听取他们的意见可以增加用户对品牌和产品的归属感。试着虚心聆听大家的想法，注重彼此的情感交流，与他们分享收集到的意见是如何影响了设计决策。

2. 扩大用户群

一开始就把设计重点放在被排斥的群体上，似乎有点违背常理。但这种方法的优势在于它一开始就帮我们找到了清晰的产品界限，帮助团队深入理解如何把需求与更多的目标受众联系起来。

不谋而合的是，有追求的品牌通常都是从专注于少数精英群体的需要开始，打造面向大众市场的产品的。比如与世界级运动员合作，创造一款新鞋。或者与大片制作人合作，探索增强现实的体验。更多的限制，可以推动设计师和工程师去创新。其关键在于找到一种方法，把这种基于限制的设计，转化为符合大众需要、与更广阔的市场接轨的设计。

另一种基于市场规模来构建包容性设计的方法是基于用户画像合集。量化这个合集里永久、临时或基于场景被排斥的人数。数量庞大的群体将有力地证明包容性设计拥有绝佳的市场机会。

3. 创新和差异化

领导们常常对包容性如何推动创新感到惊讶。特别是可达性设计，一直在通过推动创新让广大群众受益。其中有两方面原因：

首先，许多公司都有已经开发了几十年、但从未公开的想法和原型。这些设计经常被闲置，就像厨房储藏柜里的食材。随着视角或使用场景的转变，原本只适用于一个目的的方案以一种新的方式复活。当团队转向包容去寻找新的设计时，会试着在原有设计的基础上探索它的新用法。

以屏幕的对比度为例。我们可以调节显示器以加强不同元素之间的颜色对比，比如文本和它的背景。这一功能对视力障碍者来说至关重要，因为如果屏幕显示的元素颜色相似，他们就很难看清。

手机的出现，让屏幕对比度与更多人产生关联。任何在烈日下使用手机的人，都很难阅读屏幕上的信息。随着智能手机的发展，它们可以用现有的屏幕对比度技术来自动调节屏幕的对比度，让用户在户外也能轻松读取信息。新问题的诞生为现有技术创造了新的关联，让技术得到更大的发展空间，为更多用户服务。

其次，新视角放大了创新的力量。通过包容性的设计方法，团队学会了如何让能力互补的人或新型专业人士参与到设计的过程中。有时候，对设计的影响最大的人，往往本身就具有相关专业知识，只是一直都没有被邀请参与技术细节的讨论。

很多包容性创新不需要对技术进行大改甚至重建，只需站在新的视角上，重新组合现有的资源。但前提是，我们要懂得用新的视角去发现并重组需要解决的问题。

4. 避免后续为包容性改造付出高昂代价

许多团队和公司把可达性和包容性视为设计的附加值，只在设计的最后阶段才考虑。可惜，这正是通过虚构的"正常人"求解的后果。一个把包容性放在最后考虑的团队，首先关注的用户是和自己最相似的人，尤其在能力、认知和社会偏好方面，他们普遍认为这群人能代表绝大多数用户。

接着，他们会把人口统计学中的少数群体视为边缘案例，比如行动不便的残障者，认为少数群体不能带来巨大的收益。然而，这只是一个迷思。一个对少数群体的迷思。

通过"正常人"的思路创造产品，一段时间后，许多过去被忽视的可达性问题就会慢慢浮现。虽然现在很难准确估计所有网站中到底有多少可达性不达标，但越来越多的可达性审查公司会告诉你，他们的客户常常惊讶地发现竟然有这么多网站和数字产品都达不到法律规定的可达性标准。解决这些基础问题可能需要巨大的投资，这就是把可达性放在最后的高昂代价。

另一种量化改造成本的方法，是计算当企业发布带有歧视性质的产品时将面临多少诉讼，需要投入多少人力物力去解决公关危机。如此一来，便可清楚地看到忽视包容性的高昂成本。无论是野心勃勃的初创公司，还是步步为营的科技巨头，已经有无数例子表明在产品开发过程中忽视包容性问题的代价有多可怕。

凯西·奥尼尔（Cathy O'Neil）在他的《算法霸权》（*Weapons of Math Destruction*）一书中，精彩地描述了人类潜藏在内心深处的黑暗偏见是如何渗透到科技领域的。[7]除了意外被训练成仇恨言论发布机的聊天机器人和带有种族歧视味道的自拍滤镜，他还进一步举例说明机器学习是如何大规模地放大排斥循环的，覆盖面大至社会治安，小至每个广告精准投放的算法模型。当这些计算机的代码染上人类的偏见，其中的排斥循环就会被无限放大。

理想的情况，是每个新产品或项目都应该从一开始就考虑包容性设计，这样可以优先节省时间和资源，以后也不需要重新进行包容性的改造。更合理的是，无论何时何地，只要有需要，包容性设计就应该被考虑到。

最好的方法是在创造解决方案的整个过程中，都交织包容性的设计方法。在实践时，我们往往无法找到一种能放至四海皆准的方法。每个公司都需要根据现有的流程，创造与之互补的包容性设计方法。

美丽的物件，人类的情感

排斥循环会随着人们创造的产品潜入世界的每个角落。"我们创造了什么"是修正整个排斥循环最强有力的起点，最能激发人们的想象力，是整个排斥循环里最能体现创新热情的地方。

把一项新技术引入社会，对人们的行为和心理感受都会有深远的影响。有时候人们会产生一种强烈的痴迷，比如 Pokémon Go[①]。也有些时候，人们虽然表现得不冷不热，却慢慢滋生深深的依赖，比如触屏智能手机。人与物之间的关系，其实充满感情。

被排斥性设计拒绝会导致负面情绪。相反，一个与人身心契合的设计，可以在情感上产生积极影响。无论是聆听远方星星的声音带来的美妙体验，还是在水上公园结交新朋友的快乐冒险，一个成功的包容性设计在功能和情感上都要与人契合。

从很多方面看来，人的变化速度总是比技术慢。创造包容性设计，并不意味着每个人都必须拥护包容的价值观。正如我们在本书开头所讨论的，包容性设计很容易被误以为是只有善良的人才会考虑的事情。相反，如果我们把"创造包容性设计"的技能变成衡量一个优秀的工程师、教师、公民领袖或设计师的标准，会有何改变呢？

如果我们可以通过改变创造产品的方式来创造包容，而不只

---

① 一款增强现实游戏，由 Niantic 公司开发。

是试图改变问题解决者对包容的看法，结果又会如何？这会是一条通往更具包容性社会的捷径吗？

我们选择去创造什么，决定了谁在未来有权参与其中，为社会做贡献。误配帮助我们站在比技术更高的地方思考技术的价值。一块砖不只是一块砖，日常辅助我们的物件也不仅仅是配件。包容性的方法让我们在追求创新的同时不失人性。

小结：包容如何推动创新？

惯性排斥

➢ 不愿想象一个解决方案如何适应另一个环境、提供新的价值。

➢ 只关注功能上是否达标，忽视情感上的误配。

如何转向包容？

➢ 评估一下"我们创造了什么"里最大的误配。目前社会中存在哪些障碍？如何修正才让更多人有机会参与其中？

➢ 探索一个设计如何适应不同人的需要。专注于创造一个灵活的系统，让设计能跟随人和环境切换。

➢ 试着在你熟悉的领域中发现有关爱的包容性设计故事。人们是如何使用和调整你的设计，从而让自己能跟喜欢的人和事产生联系的？

➤ 根据以下这些条件创造一个具有包容性的设计：

1. 提高用户参与度和贡献度；

2. 扩大用户群；

3. 创新与差异化；

4. 避免包容性改造的高昂成本。

第九章

包容设计未来

为什么包容很重要？

我们已经仔细研究过排斥循环里的每个元素，以及如何从惯性排斥转向包容。接下来，我们需要了解的是：为什么包容很重要？

在不能保证成功的前提下，我们为什么要参与建设包容这项艰苦的任务？为什么我们要跟这个几十年来屹立不倒的排斥循环对抗？

当然有商业上的理由，比如希望因此获得新的市场份额，创造更好的用户体验，寻求更高效的运营方式。这是一个难得的好机会，让不同团队能团结起来，以一种新的方式为体验设计的人们思考。

包容之所以重要，也有其专业原因。它让我们更深入地思考什么才是真正值得解决的问题，激发深层创造力，以新的方式思考，与从未见过的人合作。

这就是我们共同的未来，一切都建立在我们今天所做的决定之上。一起来创造伟大的设计让人们互联，让他们与机会互联。有些设计师做的决定将影响数百万人很多年，我希望这本书说清了这种特权和机会的重要性。

除此之外，包容还拥有一个超越以上所有的存在理由：不确定性。

生活中，很多导致我们被排斥的方案都是为了避免不确定性而设计的。比如小孩子之间的排斥，主要是为了保护游戏不受干扰或者挡住不请自来的入侵者。而设计师和工程师通过数学模型让设计的对象同质化，为的是找到用户群。架构师企图消除人们熟悉的现有行为模式，是为了在混乱中建立秩序。

图 9.1

当我们把包容性设计原则应用于循环里的任何一个元素时，就可以转向包容。其中包括重新定义为什么包容对我们的生活、设计和社会是重要的

然而，我们现在面临的不确定性比过去任何时候都要严重。这些不确定性不仅随着数字技术渗透到社会里，还存在于我们彼此的联系之中。

未来的自己

当我让小女儿描述设计是什么的时候，她是这么回答我的：

> 设计是一系列运动，由人体、手、脚或身体的任何一个部位提供动力。设计也是你脑中的一个想法，可以写下来、说出来，也可以画出来。你所做的一切，小到头发上的一个蝴蝶结，大到一颗卫星，都是被精心设计过的。好点子不计其数。

她告诉我，在未来的 8 年里，真正的悬浮滑板和预防过早死亡的药物将面世。如果她今天可以解决一个重要的问题，她希望确保每个人都有一个安全、健康的家。

她的回答不禁让我想起了父亲的一生。1882 年美国国会通过了《排华法案》，当时他还是个小孩，家人被拘留在天使岛。最初，该法案禁止所有来美国打工的华人进入美国长达 10 年之久，并在 1924 年殃及所有中国移民，直到 1943 年才被完全废除。

就在他们从天使岛被释放后不久，他的父亲和刚学会走路的妹妹就死于呼吸系统疾病。我的祖母必须在一个陌生的国家带着我的父亲生存下去。对父亲而言，那是一段刻骨铭心的伤心回忆。

小时候，我和妹妹跟着他穿过旧金山的街道，去山上的唐人街游玩，祖母在那里经营着她的生意——塔希提进出口贸易。我们特别喜欢和父亲的朋友们一起去基督教青年会的院子里玩耍，他常常在地下一层的课外活动中心待上几个小时学习广东话。他们在商店后面住了很多年，直到祖母终于攒够钱在旧金山湾对面的奥克兰买了一套房子。

最后一次去往城里的路上，我们沿着斯托克顿街的小路寻找那家老商店，在原来的位置发现了一堵 15 英尺高的墙。这堵墙横跨了整个街区，墙上挂着的标示表明工地上在修建一个新的中转站。自那天起，他就再也不想回到城里去了。

排斥和包容很大程度上塑造了我们的家庭。进入美国社会是一种包容，逐渐参与美国社会是另一个层次。或许，能够把自己的孩子带回原来的家也是一种包容，一种代表归属感的包容。

如今激励着我女儿的，在 90 多年前也同样激励着我的家人：一个健康、安全的家，还有创造的欲望。以积极的方式回馈社会。我希望她是对的，未来如她所愿。她相信自己是创造未来的重要一员。

和父亲一起时，我意识到自己的身体将发生怎样的变化。我的听力到 70 岁时就会衰退，视力将变得模糊，到晚上会明显变差，记忆仍在一些细节上保持敏锐，但我会逐渐忘记其他事情，胳膊和腿会失去力量。环境的设计将如何确保我能够继续参与社会，而不是随着年龄的增长被孤立？

这可能是我们每个人都将面临的最直接的不确定性：不断变化的能力。虽然许多人此刻身体健全，但随着年龄的增长将不得不面临新的排斥。当我们为包容而设计时，实际上就是在为未来的自己而设计。不仅为身体上的变化，还有建设社会的能力，和下一代将如何对待和照顾我们。这是为了维护我们生活中最重要的人际关系而做的设计，关乎我们的尊严、健康、安全和归属感。

技术的未来

另一个不确定性，是技术的发展趋势。

技术时代的演变可以用很多不同的方式来描述，我喜欢从人与机器的关系来思考。工业时代最初是由取代了某些类型的人力的生产机械化推动的。人们消费工业化产品，从大规模生产的服装到食品再到汽车。每个物品在一个人的生活中都扮演着一到两个特定的角色。

信息时代出现了人机交互，人们通过数字界面与机器相遇。尽管这些界面变得越来越复杂，并且在我们的生活中扮演许多角色，但它们很大程度上仍然是由工程师或设计师创造的，不过是一组固定选择组合起来的产品。它们按照固定的代码执行任务，遵循特定的规则，所有行为很大程度上都是预设的。与这些界面交互的人必须靠自己的能力去适应，用既定的方式处理程序传达的信息。

我们慢慢感到向新技术时代过渡的压力。大多数公司都在争先恐后地使用数据——从使用数字界面的用户那里获取的，以每人每秒约 1.7 兆字节的速度不断更新的海量数据。[1] 如今，约 90% 的数据是非结构化数据，意味着这些数据不遵循任何既定的数据模型，需要依靠大量的人工操作才能转化为有用的信息。一小群人先利用他们的技术处理数据，再交给机器学习模型来处理。在整个过程中，这群人的职能更像以前的工匠，而非传统的软件工程师。

人们与这些新系统的交互方式也在发生变化。

面对这种变化，很多实验都正在进行。人们热衷于让机器学习模型去生成、改进和优化设计。这些模型生成的数据可以帮助领导们以更客观的视角做出判断，而不单纯基于个人喜好。在数据驱动的产品开发领域，很多前辈会告诉你用户永远是对的，数据能反映用户的真实需求，我们最好赶紧做出回应，对产品进行动态调整。

然而，我们该如何避免过度依赖数学模型来降低不确定性？这种过度依赖会导致排斥循环，一如正态分布曲线。大数据和机器学习算法能尊重人类的个性吗？还是把我们所有人都挤到曲线中心？我们对数据分析的热情很容易蒙蔽双眼，让它的局限性不容易被察觉。大多数设计师和工程师还只是刚开始探索这些模型擅长什么，以及它们的结果什么时候会出错。

这些问题很重要，因为机器学习的兴起将成为新的人机交互的支柱。当你与人工智能对话租一部电影或向海外朋友发送信息时，当你申请助学贷款或找工作时，当你通过恒温系统调节室内温度时，这些机器经过编程，无需人工咨询就能自主决定如何回应你。当然，它们也能向产品团队提出建议：如何利用数百万用户的数据改良产品。

实际上这些技术并不新鲜，有些甚至已经存在了几十年。数据和专属硬件的爆炸式增长，推动了机器学习和人工智能设计发展的新浪潮。因此，现在比过去任何时候都更值得关注一个重要的问题：厚数据和大数据之间该如何取得平衡，尤其是帮助我们理解人类行为复杂性的厚数据、人类行为背后的文化和个人原因。而想要理解这些原因，最好从包容被排斥群体开始。

尽管围绕各种形式的机器学习的好处和风险都存在很多争议，但对包容性的发展来说，这种技术有一个特别有趣的特征：适应性。

一台根据个人独特需求灵活应变的机器，能同时以无限种方式深深地影响数百万人。这下我们就更容易理解，为何有一股激动人心的创新热潮正在这种新技术之中蠢蠢欲动。

然而，这种技术也会给人类带来各种情感上的影响。回想那些发生在幼儿园教室里的情景，那些被排斥的痛苦。个性化和适应性也分很多种方式。当一个设计与人高度契合时，可以带来一种非常积极的体验。相反，当设计把人排除在外时，每个人心里也能明确地感受到。当机器决定将谁包括在内或排除在外时，会是怎样一种感觉？

在各种新兴技术领域，机器作为与人交互的主角，到底需要额外承担多少责任？我们如何让这台机器及其创造者对排斥事件和因排斥性带来的不良后果负责？在公众对这些设计的工作原理缺乏基础了解的情况下，人们是否还能意识到这些后果将如何塑造我们身边的世界？被排斥群体是否会因此变得更加不容易被发现？

这些并非断言，而是真正的问题所在。随着数字技术渗透到社会的各个领域，这些都是每个问题解决者、工程师、建筑师、设计师、立法者、企业家、领导者和其他人应该提出的问题。

技术更替的过渡期正是引入包容性设计的理想时机。我们可以通过设计新的模型，确保它们不是为虚构的"正常人"而设，从而避免更多排斥性设计的出现。如果人工智能时代的核心没有包容，那么我们很有可能在大规模地放大排斥循环。这些排斥不会仅通过人类延续下去，还将被自动化的机器加速，因为这些机器只会复制人类创造者的意图、偏见和喜好。

包容性增长和人类的潜能

也许最大的不确定性，来自全球经济、政府和企业将如何应对新一代技术带来的变动，以及这一系列的变动将如何影响设计。本书收录的方法主要基于以美国为背景定义的包容、可达性和残障。在全球范围内，关于实现包容的方法一直根植于不同的文化里，比如沟通的语言或者区分不同人群的方法。对许多国家而言，将排斥循环转向包容最终实现的是经济上的转变，意义深远。

包容性增长为何如此重要？谁将在前带路，谁将从中获益，而我们将如何实现这一目标？如今，世界各地越来越多的人在参与这些讨论。包容性增长，即为全人类服务的经济增长，它为各个阶层创造公平的机会，并在全社会中公平地分配货币和非货币的收益。[2]

世界经济论坛把包容性增长进一步描述为能持续反映经济增长与社会不平等的指标，它可以是正向或反向的。

越来越多的证据表明，社会不公明显对经济增长具有负面影响，减少不公可以加强增长的韧性。例如，如果收入最高的 20% 人群的收入份额增加，国内生产总值的增长就会趋于下降。[3]

世界经济论坛预测，到 2020 年，全球主要经济体将有至少

500 万个工作岗位因科技进步消失。[4] 不难想象，全球范围内如此大规模的劳动力结构性转型将会带来多大的社会不平等。这些变化如何转变为减少不平等和支持包容性增长的机会呢？包容性设计也许是一个开始，不仅是为产品和环境设计，也是为连接它们的整个系统而设计。

就业技能和人才格局也在发生变化。世界经济论坛在《未来工作报告》（"Future of Jobs"）中列出了对未来工作十大技能的预测：[5]

1. 解决复杂问题的能力；

2. 批判性思维；

3. 创造力；

4. 管理能力；

5. 协同工作的能力；

6. 高情商；

7. 判断力和决策力；

8. 服务至上；

9. 谈判力；

10. 灵活的认知能力。

这些技能的重点是让人理解不确定性，以多种角度提出值得解决的问题，找到与之匹配的解决方案。这些都是与人类建立联系的才能。

想拥有这些能力，我们还需要很多准备工作，包括探索识别和修复排斥的新方法。如果我们只是单纯地把已有的方法用于设计、编写代码或与人交流，那么这些应用很有可能变得比现在更具有排斥性。

简而言之，包容性设计是数字时代的良策。通过改变有能力参与设计的人，来反哺实现设计的方式与设计方法本身，进而改变设计的受众群体。我们一生都是包容性设计的受益者。

设计对包容性增长至关重要，它填补了人与周围世界互动的空缺。在人类的生活环境里，我们需要的设计是可以适应不同人、不同身体机能和不同心理需求的设计。

能识别排斥性的存在

向人类多样性学习

从解决一个小问题出发，扩展到解决大规模发生的问题

图 9-2
包容性设计的三大原则

回到本书的中心问题：如果设计是排斥的根源，那么它也能成为补救措施吗？是的。当包容性设计的原则应用于排斥循环的任何一个元素时，就相当于创造了包容。

我们可以试着打破过去的习惯，认识周遭的排斥，哪怕只有一瞬间。试着邀请与你能力互补的人参与设计的过程。

我们可以向排斥专家们学习，他们的专业知识可能是解开某

些最艰巨挑战的关键。我们针对个体设计的解决方案可以推广给
更多有需要的人，当所有想法汇聚一堂时，各种参与方式便自然
形成，让每个人都产生归属感。

作为一个解决问题的人，你有能力把排斥循环转向包容，每
次只需选一个问题去尝试。在每一个设计里，你都能为别人创造
贡献才能的机会。而他们的贡献，将塑造我们每个人的未来。

小结：为什么包容很重要？

惯性排斥

➢ 对于包容是什么和为什么很重要缺乏清晰的定义与共识。

如何转向包容？

➢ 通过排斥循环来评估现在的处境，以及该从何开始着手包容
性设计。

➢ 将包容性设计原则应用于排斥循环中的任何一个元素。

➢ 在团队中整合包容性设计的方法，建立一种有目标导向的文
化，使队员发挥最大潜能。

鸣　谢

在同意写《误配》这本书后不久，我的房子就被水淹了。在5 万加仑的水和 3.5 万个词的冲刷下，一切都变得有些模糊。这本书的内容基本上是我在游牧民族般的生活中完成的：在飞机座位上、酒店大堂里、咖啡店里、厨房桌子上、图书馆角落里，甚至就在门廊前的台阶上。我深深感谢所有在这段时间里与我和我的家人们分享过住处、食物和友谊的人。特别是伍德曼（Woodman）、威瑟-沃勒斯海姆（Wither-Wollersheim）、格里姆（Grimes）的家人，我的母亲莎伦·汤尼（Sharon Tangney）和她的丈夫史蒂夫·汤尼（Steve Tangney）。谢谢你们提供安全的地方，让我能顺利完成这本书。

感谢前田约翰（John Maeda）让我有足够的勇气开始写这本书，你让我明白了"为他人开门"意味着什么，我保证把这个信念传递下去。

感谢鲍勃·普赖尔（Bob Prior），你的信任和充满创意的合作方式是每个初出茅庐的作家都梦寐以求的。谢谢你和麻省理工学院媒体团队对本书刁钻的选题给予的极大支持。

感谢为本书提供包容性设计案例、分享专业知识的先驱们：蒂凡尼·布朗（Tiffany Brown）、约翰·波特（John Porter）、维克多·皮涅达（Victor Pineda）、索菲娅·霍姆斯（Sophia Holmes）、斯韦塔·马查纳瓦哈拉（Swetha Machanavajhala）、玛格丽特·伯内特（Margaret Burnett）和尤塔·特雷维拉纳斯（Jutta Treviranus）。

感谢 Airlift 团队准确地抓住了本书的理念，为它设计出完美的封面。

感谢凯伦·查佩尔（Karen Chappelle）深思熟虑后创作的有趣插图，让每一章内容都更容易被理解。

感谢查克·莫舍（Chuck Mosher）的指导，让我克服了写作障碍，帮助我在最混乱的思考中提炼要点。谢谢你如此爱我。

感谢莫莉·麦奎尔（Molly McCue）的宝贵反馈，感谢你成为我写作路上的灵魂伴侣。

感谢罗斯玛丽·加兰-汤姆森（Rosemarie Garland-Thomson），我们那些关于恶作剧和误配的长谈，帮助我理清思路、拼凑碎片。谢谢你教会我如何化口语表达为笔下的神奇。

感谢你们给予我真诚的编校和非凡的友谊：西玛·赛拉姆（Seema Sairam）、帕特里克·科里根（Patrick Corrigan）、周晓晴（Hsiao-Ching Chou）、莎拉·莫里斯（Sarah Morris）和克里斯·毛里（Kris Woolery）。

感谢伊拉达·萨迪克霍娃（Irada Sadykhova）在创作过程中给予我的理解和指引。谢谢那些不断涌现的挑战和包容性的先驱，让我们对自己和彼此有更高的期望。

感谢包容性设计各个社区团体的领头人和爱好者，特别是微软的伙伴们，感谢大家的配合与支持。

最后，我要感谢我的伴侣，唐（Don），我们家的定海神针。当我决定写书的时候，你一点都没有退缩。在写作过程中，为了让我专注，你改变了身边的一切来配合我。还记得我让你一遍又一遍地把书里的内容念出来，却指责你没有真正读过这本书吗？谢谢你依然乐在其中。是你的努力让一切成为可能。

参考文献

第一章

1. Martin Verni, "Designer Spotlight—Susan Goltsman and the Emergence of Inclusive Design," January 20, 2016, https://goric.com/susan-goltsman-inclusive-design/.

第二章

1. Vivian Gussin Paley, *You Can't Say You Can't Play* (Cambridge, MA: Harvard University Press, 1993), 20–22.

2. Inclusive: A Microsoft Design Toolkit, Subject Matter Expert Video Series, 2016, www.mismatch.design.

3. Inclusive: A Microsoft Design Toolkit, Subject Matter Expert Video Series, 2016, www.mismatch.design.

4. Marshall McLuhan, *Understanding Media: The Extensions of Man* (1964; Cambridge, MA: MIT Press, 1994), xxi.

5. Mandal Ananya, "Color Blindness Prevalence," *Health*, September 2013.

第三章

1. The World Bank, *World Report on Disability: Main Report (English)* (Washington, DC: World Bank, 2011).

2. Vivian Gussin Paley, *You Can't Say You Can't Play* (Cambridge, MA: Harvard University Press, 1993), 22.

3. Cornell University's Online Resource for Disability Statistics, http://www.disabilitystatistics.org/.

4. US Bureau of Labor Statistics, "Labor Force Statistics from the Current Population Survey; Databases, Tables & Calculators by Subject." 资源提取于 2018 年 1 月 22 日。

5. 有关这些政策的学习资源详见"推荐阅读"。

6. 了解更多信息，请查看以下这些学者的研究成果：普渡大学的 Kipling Williams、密歇根大学的 Ethan Kross、加州大学洛杉矶分校的 Naomi Eisenberger 和 Matt Lieberman、俄克拉荷马州立大学的 Amanda Harrist、肯塔基大学的 Nathan DeWall 和康涅狄格大学人际接纳与拒绝研究中心的创办者 Ronald Rohner。

7. N. Eisenberger, M. Lieberman, and K. Williams, "Does Rejection Hurt? An fMRI Study of Social Exclusion," *Science* 302, no. 5643 (October 2003), 290–292.

第四章

1. World Bank, *World Report on Disability: Main Report (English)* (Washington, DC:

World Bank, 2011).

2. Quoted in *Inclusive*, a short film by Microsoft Design; www.mismatch.design.

3. Quoted in *Inclusive*, a short film by Microsoft Design; www.mismatch.design.

4. Inclusive: A Microsoft Design Toolkit, Microsoft Design, 2015.

5. 更多有关残障和可达性政策的信息，详见"推荐阅读"。

6. Ireland's Disability Act of 2005; Centre for Excellence in Universal Design.

7. 罗纳德·梅斯（Ronald Mace）和他在北卡罗来纳州立大学时一个由建筑师、设计师和工程师组成的团队于 1997 年发布的通用设计的七项原则：

   （1）公平原则；

   （2）弹性原则；

   （3）直观原则；

   （4）信息易感知原则；

   （5）容错性原则；

   （6）省力原则；

   （7）尺度与空间适度原则。

8. 有关包容性设计，可达性和通用设计的更多资讯，请访问 http://www.mismatch.design。

9. 有关可达性的更多资讯，详见"推荐阅读"。

第五章

1. National Council of Architectural Registration Boards, "Timeline to Licensure," in "NCARB by the Numbers," 2016.

2. Amy Arnold and Brian Conway, *Michigan Modern: Design that Shaped America* (Layton, UT: Gibbs Smith, 2016).

3. "Detroit (city), Michigan," State & County QuickFacts, United States Census Bureau. Retrieved January 2017.

4. Campbell Gibson and Kay Jung, "Historical Census Statistics on Population Totals by Race, 1790 to 1990, and by Hispanic Origin, 1970 to 1990, for Large Cities and Other Urban Places in the United States," table 23, "Michigan—Race and Hispanic Origin for Selected Large Cities and Other Places: Earliest Census to 1990," United States Census Bureau, February 2005.

5. U.S. Census Bureau, "American Community Survey 1-Year Estimates," 2016. Retrieved from Census Reporter Profile page for Detroit, MI.

6. Toni L. Griffin and Esther Yang, "Inclusion in Architecture September 2015," report from the Anne Spitzer School of Architecture, City College of New York.

第六章

1. Katherine Shaver, "Female Dummy Makes Her Mark on Male-Dominated Crash Tests," *Washington Post*, March 25, 2012.

2. D. Bose, M. Segui-Gomez, and J. R. Crandall, "Vulnerability of Female Drivers Involved in Motor Vehicle Crashes: An Analysis of US Population at Risk," *American Journal of Public Health* 101, no. 12 (2011), 2368–2373.

3. Margaret Burnett, "GenderMag: A Method for Evaluating Software's Gender Inclusiveness," *Interacting with Computers, The Interdisciplinary Journal of*

Human-Computer Interaction 28, no. 6 (November 2016).

4. Margaret Burnett, Robin Counts, Ronette Lawrence, and Hannah Hanson, "Gender HCI and Microsoft: Highlights from a Longitudinal Study," IEEE Symposium on Visual Languages and Human-Centric Computing, October 2017, pp. 139–143.

第七章

1. Todd Rose, *The End of Average: How We Succeed in a World That Values Sameness* (New York: HarperOne, 2015).

2. Lambert Adolphe Jacques Quetelet, *A Treatise on Man and the Development of His Faculties* (1835; Cambridge: Cambridge University Press, 2013), 99.

3. J. M. Juran, *Architect of Quality* (New York: McGraw-Hill, 2004).

4. Rose, *The End of Average*.

5. Alden Whitman, "Margaret Mead Is Dead of Cancer at 76," *New York Times*, November 16, 1978.

6. World Health Organization; "Fact Sheet on Deafness and Hearing Loss," February 2017.

7. "American Deaf Culture," Laurent Clerc National Deaf Education Center, Gallaudet University, http://www3.gallaudet.edu/clerc-center/info-to-go/deaf-culture/american-deaf-culture.html.

8. Dominic Barton, Jonathan Woetzel, Jeongmin Seong, and Qinzheng Tian, "Artificial Intelligence: Implications for China," McKinsey Global Institute, April 2017.

9. Jessica Qiao, Juliana Yu, and Frank Wang, "IDC Announces Top Predictions for

China's Internet Industry in 2017," press release, March 2017, https://www.idc. com/getdoc.jsp?containerId=prCHE42353017.

第八章

1. Brian Merchant, *The One Device: The Secret History of the iPhone* (New York: Little, Brown, 2017), 81.

2. "How Can We Hear the Stars?," Guy Raz interviews Wanda Díaz-Merced, NPR *TED Radio Hour*, January 2017.

3. Wanda Díaz-Merced, "Making Astronomy Accessible for the Visually Impaired," *Scientific American*, September 22, 2014.

4. Joan E. Solsman, "Internet Inventor: Make Tech Accessibility Better Already," CNET, April 10, 2017.

5. Andrew Liszewski, "Every Kid Can Enjoy a Day at the Waterpark with This Air-Powered Wheelchair," Gizmodo, April 2017.

6. Human Engineering Research Laboratories, University of Pittsburgh, "PheuChair Unveiled at Water Park," http://www.herl.pitt.edu/news-events/pneuchair-unveiled-water-park.

7. Cathy O'Neil, *Weapons of Math Destruction: How Big Data Increases Inequality and Threatens Democracy* (New York: Crown, 2016).

第九章

1. John Gantz and David Reinsel, "The Digital Universe in 2020: Big Data, Bigger

Digital Shadows, and Biggest Growth in the Far East," International Data Corporation, February 2013.

2. "Report on the OECD Framework for Inclusive Growth," May 2014.

3. Richard Samans, Jennifer Blake, Margareta Drzeniek Hanouz, and Gemma Corrigan, "The Inclusive Growth and Development Report," World Economic Forum, January 2017.

4. "The Future of Jobs," World Economic Forum Report, January 2016.

5. "The Future of Jobs," World Economic Forum Report, January 2016.

推荐阅读

第一章

- *Inclusive*, a short film by Microsoft Design; www.mismatch.design.

第二章

- Vivian Gussin Paley, *You Can't Say You Can't Play* (Cambridge, MA: Harvard University Press, 1993).

- Inclusive: A Microsoft Design Toolkit, Subject Matter Expert Video Series, 2016, www.mismatch.design.

第三章

更多关于残障现状的信息：

- "World Report on Disability," http://www.worldbank.org/en/topic/disability.

- UN's Convention on the Rights of Persons with Disabilities, http://www.un.org/disabilities/documents/convention/convoptprot-e.pdf.

第四章

更多关于可达性设计与普适性设计的信息：

- Sarah Horton and Whitney Quesenbery, *A Web for Everyone: Designing Accessible User Experiences* (Brooklyn, NY: Rosenfeld Media, 2013).

- Wendy Chisholm and Matt May, *Universal Design for Web Applications: Web Applications that Reach Everyone* (Sebastopol, CA: O'Reilly Media, 2008).

更多关于残障人士权益、残障的定义与历史的信息：

- Kim E. Nielsen, *A Disability History of the United States* (Boston: Beacon Press, 2012).

- Rosemarie Garland-Thomson, *Extraordinary Bodies: Figuring Physical Disability in American Culture and Literature* (New York: Columbia University Press, 1997).

- James I. Charlton, *Nothing About Us Without Us: Disability Oppression and Empowerment* (Berkeley: University of California Press, 1998).

第五章

更多关于城市设计与社会排斥的信息：

- Amy Arnold and Brian Conway, *Michigan Modern: Design that Shaped America* (Layton, UT: Gibbs Smith, 2016).

- Anthony Flint, *Wrestling with Moses: How Jane Jacobs Took On New York's Master Builder and Transformed the American City* (New York: Random House, 2009).

- Robert Caro, *The Power Broker: Robert Moses and the Fall of New York* (New York: Knopf, 1974).

- Claude M. Steele, *Whistling Vivaldi: How Stereotypes Affect Us and What We Can Do* (New York: W. W. Norton, 2011).

更多关于软件设计领域的学习形态与性别包容的信息：

- GenderMag by Margaret Burnett, http://gendermag.org/.
- Marie Hicks, *Programmed Inequality: How Britain Discarded Women Technologists and Lost Its Edge in Computing* (Cambridge, MA: MIT Press, 2017).

第六章

更多关于人类研究中人类学与数学研究方法的历史：

- Margaret Mead, ed., *Cultural Patterns and Technical Change: A Manual* (Paris: UNESCO, 1953).
- Todd Rose, *The End of Average: How We Succeed in a World that Values Sameness* (New York: HarperOne, 2015).
- Clifford Geertz, *The Interpretation of Cultures: Selected Essays*, 3rd ed. (1973; New York: Basic Books, 2017).

更多关于认知包容性的信息：

- Steve Silberman, *Neurotribes: The Legacy of Autism and the Future of Neurodiversity* (New York: Penguin Random House, 2015).

第七章

更多包容性设计的例子：

- Graham Pullin, *Design Meets Disability* (Cambridge, MA: MIT Press, 2009).

更多关于包容性商业案例的思考：

- Mark Kaplan and Mason Donovan, *The Inclusion Dividend: Why Investing in Diversity and Inclusion Pays Off* (Brookline, MA: Bibliomotion, 2013).

- Vint Cerf, "The Internet Is for Everyone," speech to the Computers, Freedom and Privacy Conference, April 7, 1999, https://www.itu.int/ITU-D/ict/papers/witwatersrand/Vint%20Cerf.pdf.

第八章

更多关于机器学习、人工智能与包容的信息：

- Cathy O'Neil, *Weapons of Math Destruction: How Big Data Increases Inequality and Threatens Democracy* (New York: Crown, 2016).

- Sara Wachter-Boettcher, *Technically Wrong: Sexist Apps, Biased Algorithms, and Other Threats of Toxic Tech* (New York: W. W. Norton, 2017).

- Pedro Domingos, *The Master Algorithm: How the Quest for the Ultimate Learning Machine Will Remake Our World* (New York: Basic Books, 2015).

译后记

2018 年冬天，我在纽约公共图书馆第一次遇到《误配》。这本荣获年度 800CEO 必读创新类大奖的畅销书，由凯特·霍姆斯（被 Fast Company 评为商界最具创意的商业人士之一）写成，前田约翰（麻省理工学院教授，曾任罗德岛设计学院校长）亲自作序。这两位站在设计与技术交叉领域塔尖的大神到底想传达哪些重要信息呢？

他们的特殊技能来自对"被排斥"的熟悉……

初译时，我总想起一个画面：第一次送老师去机场的那个清晨，我半梦半醒歪坐在寻常却极不舒适的公共长椅上，双腿不得不半悬着。后来老师写了篇文章，提问这种普遍让人不适的标准尺寸从何而来，以及该如何重新设计。那时作为新手设计师，我第一次知道，原来标准也是可以被修改的，识别误配是最好的开始。物理世界里能被清楚感知的产品尚且如此，如今渗透到生活方方面面的数字产品在不断升级的过程里，又会如何兼容？那些不被兼容的人，又该如何是好？本书为误配发声，为没有意识到自己活在误配世界里的人争取应有的权利，给产品创造者们送去"应该"和"不应该"的声音。

曾经被狠狠地排斥过的人，可以把宝贵的经验转化为专业知识运用到解决方案中。

小时候严重的阅读障碍，让我很早就体验到各种拒绝，识别误配迫在眉睫。感谢恩师向帆教授的鼓励，感谢凯特和出版方的信任，让我有勇气从热心读者转变为《误配》突破语种障碍的推动者之一，有机会亲自参与修复误配。此外，多位包容性设计师参与了中译本的调研和审校工作：陈倩雯、陈一芃、张师华、罗文诗、钱磊老师等。但愿中译本能尽力还原作者的本意，同时具有包容性，让每个人都能读懂。

感谢为本书撰写推荐语、支持并推动包容性设计发展的戴力农教授、吴卓浩、夏冰莹和方贞硕。最后特别感谢后浪出版公司相关人员的辛苦工作！

何盈

2022 年 12 月 6 日于上海

图书在版编目（CIP）数据

误配：包容如何改变设计 / （美）凯特·霍姆斯（Kat Holmes）著；何盈译 . -- 上海：上海三联书店，2022.12
ISBN 978-7-5426-7929-1

Ⅰ . ①误… Ⅱ . ①凯… ②何… Ⅲ . ①产品设计 Ⅳ . ① TB472
中国版本图书馆 CIP 数据核字 (2022) 第 209124 号

Mismatch : How Inclusion Shapes Design by Kat Holmes
©2018 Kat Holmes
Simplified Chinese Translation ©2022 by Ginkgo (Beijing) Book Co., Ltd.
Published by arrangement with The MIT Press through Bardon-Chinese Media Agency.
All rights reserved.

本书中文简体版权归属银杏树下（北京）图书有限责任公司。
著作权合同登记图字：09-2022-0793 号

误配：包容如何改变设计

［美］凯特·霍姆斯　著

何　盈　译

责任编辑 / 宋寅悦　徐心童　　　　选题策划 / 后浪出版公司
出版统筹 / 吴兴元　　　　　　　　编辑统筹 / 郝明慧
特约编辑 / 荣艺杰　　　　　　　　装帧制造 / 墨白空间·张萌
内文制作 / 文明娟　　　　　　　　责任校对 / 张大伟
责任印制 / 姚　军

出版发行 / 上海三联书店
　　　　　（200030）上海市漕溪北路 331 号 A 座 6 楼
邮购电话 / 021–22895540
印　　刷 / 天津雅图印刷有限公司
版　　次 / 2022 年 12 月第 1 版
印　　次 / 2022 年 12 月第 1 次印刷
开　　本 / 889mm ×1194mm　1/32
字　　数 / 98 千字　　　　　　　　印　　张 / 5.75
书　　号 / ISBN 978-7-5426–7929–1/TB·55　定　价 / 56.00 元